Q 科学クイズ サバイバル シリーズ

科学クイズにちょうせん！

5分間のサバイバル

3年生

マンガ：韓賢東／文：チーム・ガリレオ／監修：金子丈夫

登場人物紹介

ピピ

ジオの友達で、
南の島に住む元気な少女。
何日もお風呂に入っていなくても、
ちっとも気にしない。

ジオ

言わずと知れた我らがサバイバルキング！
どんなピンチにあっても、
必ずサバイバルに成功してきた。

ケイ

医学を学ぶ大学生で、
ノウ博士の助手。
おどろくほどの清けつ好きで、
ちょっとした汚れも許さない。

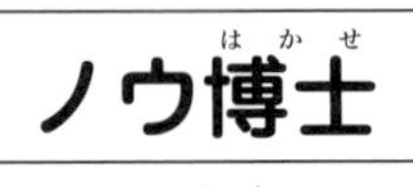

ノウ博士

医師にして発明家。
ノウ博士の発明品が、
ジオをサバイバルの旅へと
導くこともしばしば。

もくじ

人体のサバイバル

生き物のサバイバル

自然のサバイバル

身近な科学のサバイバル

人体のサバイバル

洞窟探検をするジオ、ピピ、ケイの3人。
洞窟の中でさまざまなピンチに出合う！

3人といっしょにクイズを解きながら、
人体の不思議を知ろう！

第1話

グ～ッ
よし。探検スタートだ！

ケイちゃん、おなかへった。
おべんとう食べようよー。

え、もう？
まだ洞窟に入ったばかりだぞ。

クイズ

どうしておなかがへると音が出るの？

ア 胃の中にいる虫が鳴くから。

イ 胃の中にたまった空気がふるえて音を出すから。

ウ 胃の筋肉が動いてこすれることで音を出すから。

「おなかが鳴る」というけれど、本当に鳴っている場所は胃なんだね。

そうだ。胃は筋肉でできていて、ちぢんだりふくらんだりして、食べたものをかきまぜながら、胃液でどろどろにとかしているのさ。

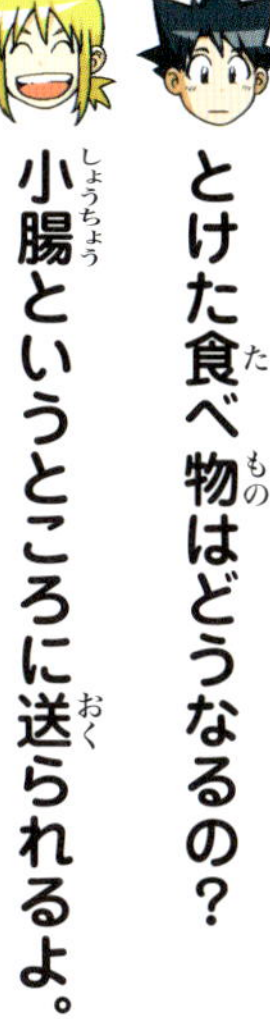

とけた食べ物はどうなるの？

小腸というところに送られるよ。

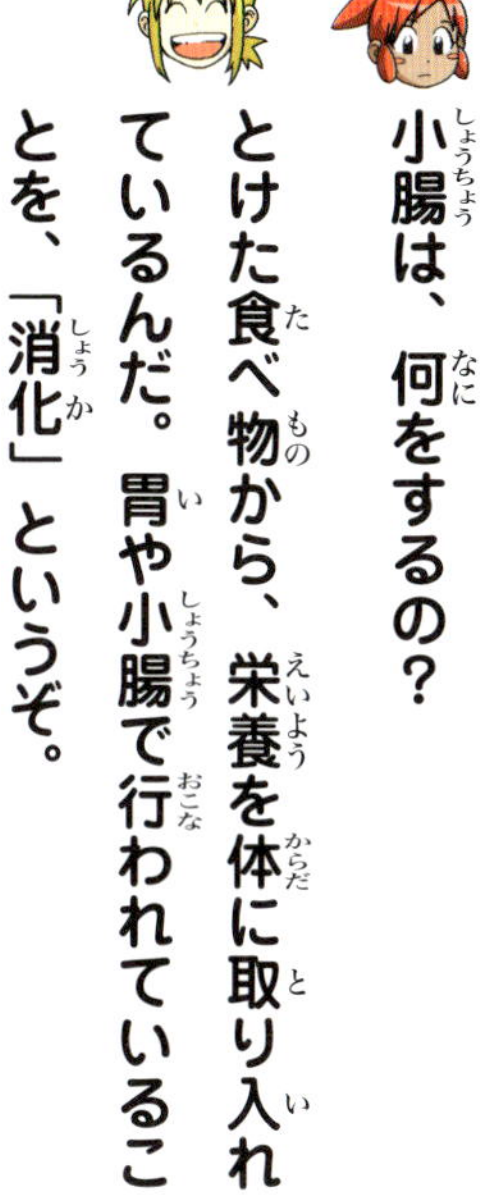

小腸は、何をするの？

とけた食べ物から、栄養を体に取り入れているんだ。胃や小腸で行われていることを、「消化」というぞ。

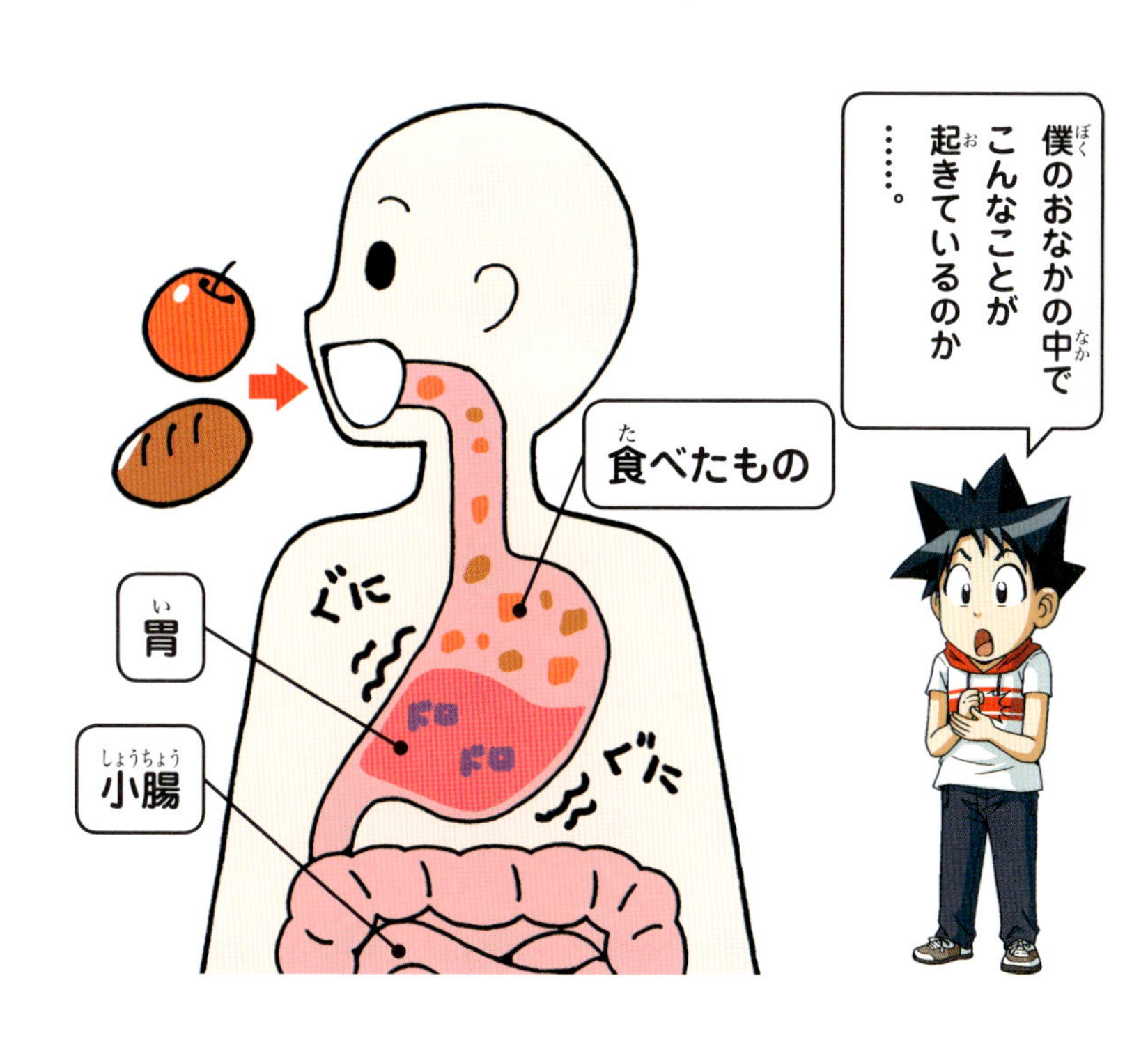
僕のおなかの中でこんなことが起きているのか……。
食べたもの
胃
小腸
ぐに
ぐに
ドロ
ドロ

答えは次のページ！

答え

イ

胃の中にたまった空気がふるえて音を出すから。

【解説】

食べ物がぜんぶ小腸に送られると、胃の中には空気だけが残ります。この空気は、ごはんを食べる時に、食べ物といっしょに飲み込んだものです。

空気だけが残った胃は、いつ食べ物が送られてきてもいいように、のびちぢみして、準備運動を始めます。すると、胃の中にあった空気が小腸のほうに押し出されます。この時、空気がふるえて、「グーッ」と音が鳴るのです。

空のマヨネーズチューブから空気を押し出すようなものだよ。
食べ物が入ってくる前にウォーミングアップだ!
グ〜ッ
空気

おなかが鳴らないようにするにはどうすればいいの？

おなかが鳴るのは健康なしょうこ。あまり気にすることはありません。

でもどうしても気になるという人は、ごはんを食べる時、よくかんで、食べ物を細かくしてから飲み込みましょう。

よくかんで食べることで、食べ物を飲み込むときに、空気が入りにくくなるので、おなかも鳴りにくくなります。

急いで食べると……。
がぶ
がぶ
空気をたくさん飲み込んでしまう。
よくかんで食べると……。
もぐ
もぐ
もぐ
空気をあまり飲み込まない。
今日から、よくかんでごはんを食べよっと！
おなかのためにもそれがいいね。

第2話

あっ！
ケイちゃーん。歯がとれた～。
それは子どもの歯だから大丈夫さ。

クイズ

歯はどうして生えかわるの？

ア 成長して大きくなるあごに合わせるため。

イ 使えなくなった歯を入れかえるため。

ウ 大人になると、子どもより強い歯が必要だから。

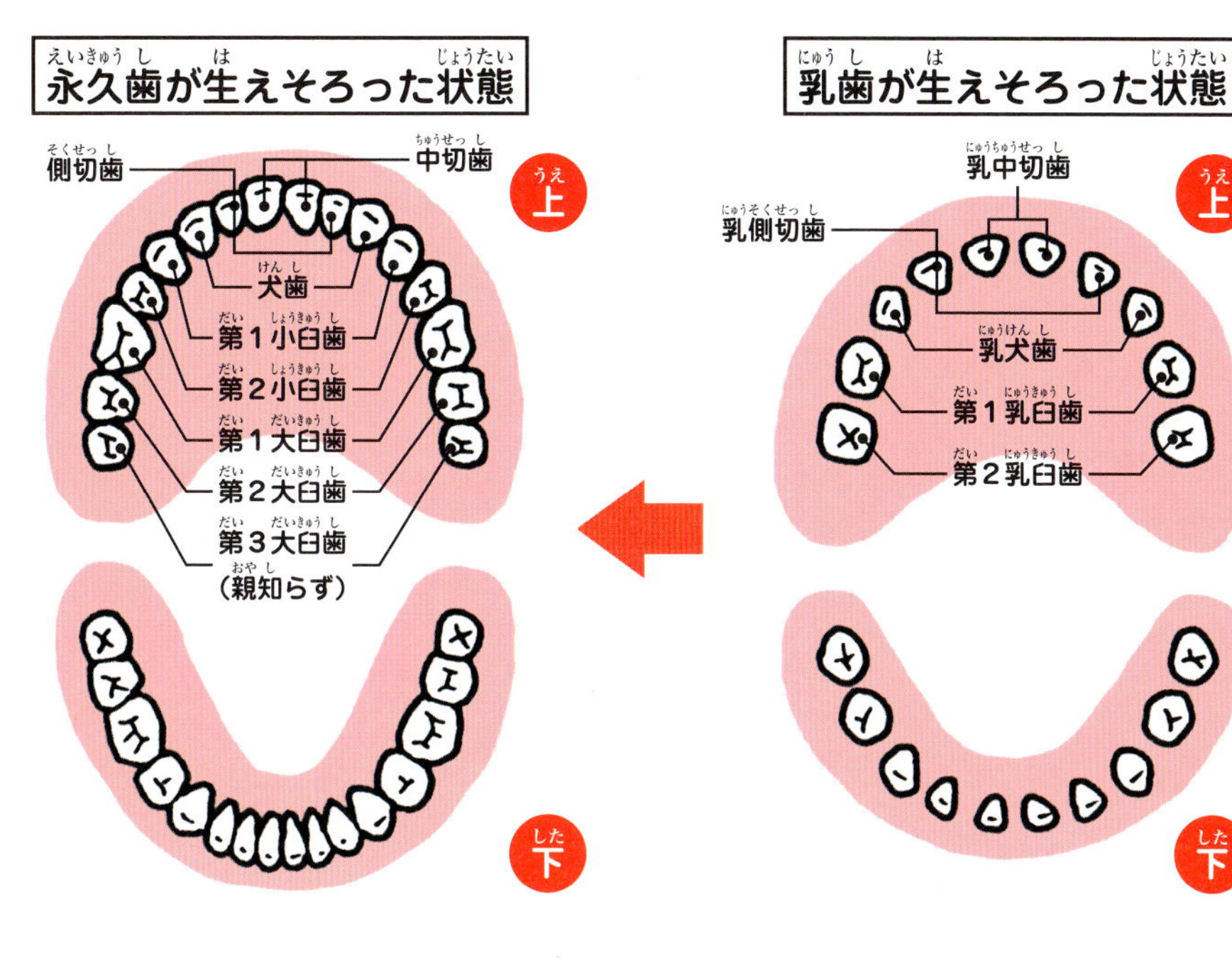
永久歯が生えそろった状態
側切歯
中切歯
上
犬歯
第１小臼歯
第２小臼歯
第１大臼歯
第２大臼歯
第３大臼歯
（親知らず）
下
乳歯が生えそろった状態
乳中切歯
乳側切歯
上
乳犬歯
第１乳臼歯
第２乳臼歯
下

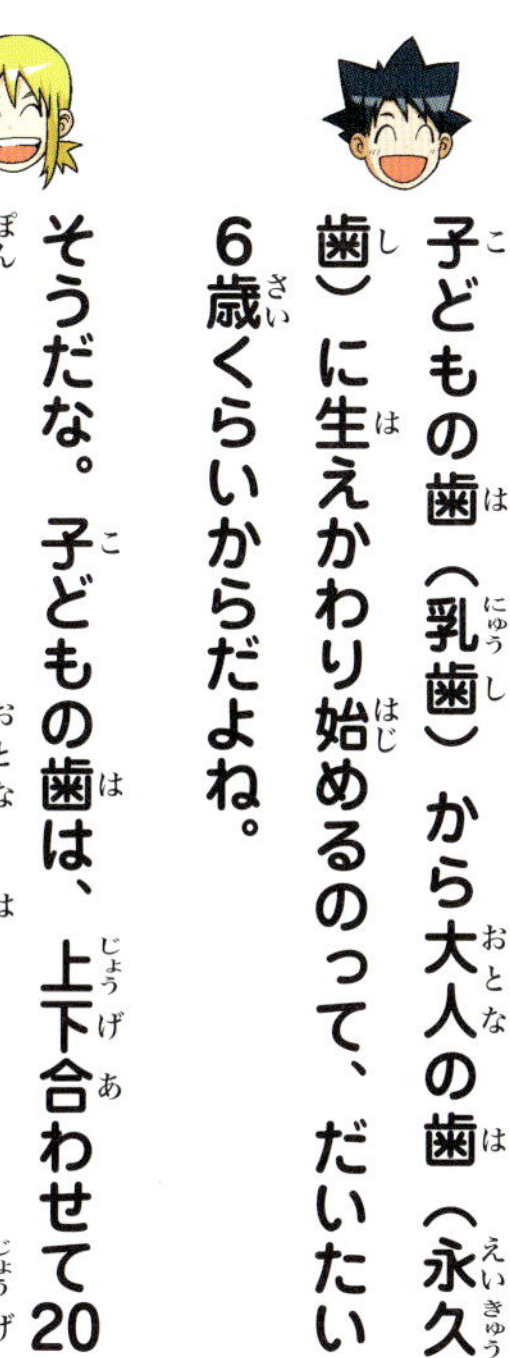

子どもの歯（乳歯）から大人の歯（永久歯）に生えかわり始めるのって、だいたい6歳くらいからだよね。

そうだな。子どもの歯は、上下合わせて20本だけど、すべて大人の歯になると、上下合わせて32本になるんだ。

え？　12本もふえるの⁉

そうだよ。ちなみに、最初に生えるのは奥歯で、最後に生えるのは親知らずだ。

親知らずは、あごの小さい人の場合、生える場所がせまくてななめに生える場合もあるみたいだね。

答えは次のページ！

ア

成長して大きくなるあごに合わせるため。

【解説】

じつは、人間の歯がどうして生えかわるのかについて、確かなことはまだわかっていません。でも、子どもの時のあごの大きさに、子どもの歯の大きさや数がぴったり合っていること、成長してあごが大きくなると、大人の歯になって歯の数が増えることを考えると、あごの成長に合わせて歯が生えかわっているのだと考えられています。

歯の生えかわり方

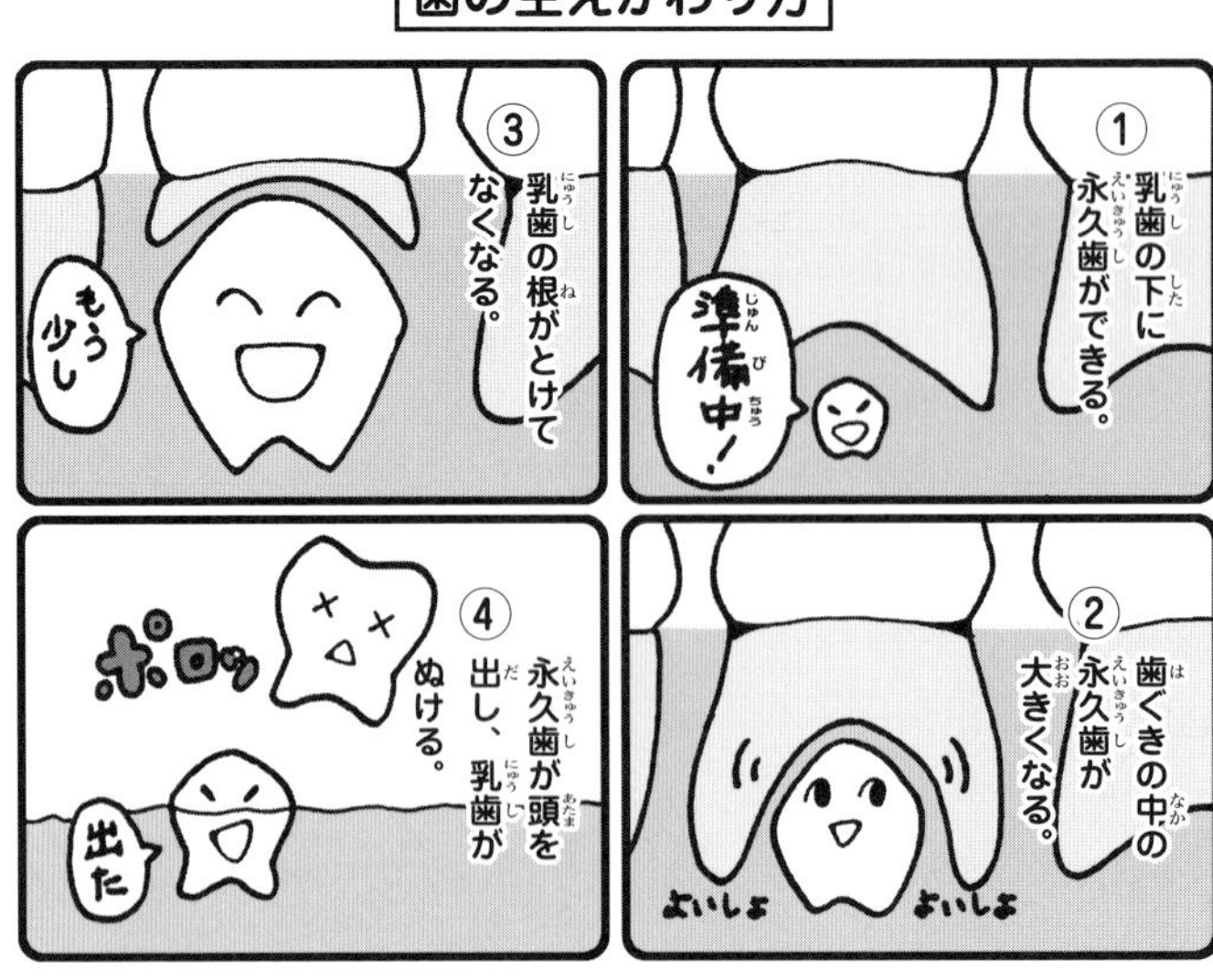
①
乳歯の下に永久歯ができる。
準備中！
②
歯ぐきの中の永久歯が大きくなる。
よいしょ
よいしょ
③
乳歯の根がとけてなくなる。
もう少し
④
永久歯が頭を出し、乳歯がぬける。
ポロッ
出た

人間の歯が何度でも生えかわるようになれば、虫歯なんてこわくないんだけどなあ。

人間の歯は1回しか生えかわりません。人間だけでなく、たいていのほ乳類は1回だけです。でも、ゾウは6回も生えかわるそうです。逆に、ウサギやネズミは、一生の間で一度も生えかわりません。

また、魚類や両生類、は虫類は、生きている間に何度でも歯が生えかわります。これらの動物は、ほ乳類とちがって、生きている間ずっと体が大きくなり続けるので、それに対応するためだといわれています。

歯が生えかわらない
ウサギ
ネズミ
歯が何度も生えかわる
魚
両生類
は虫類
大人の歯になったらもう生えかわらないから大事にしないとね！

第3話

おなかがいっぱいになったわ!
さあ出発――っ!

おならしたな、ピピ?
わたしじゃないよ!

すまん!
おならしたのは僕なんだ。

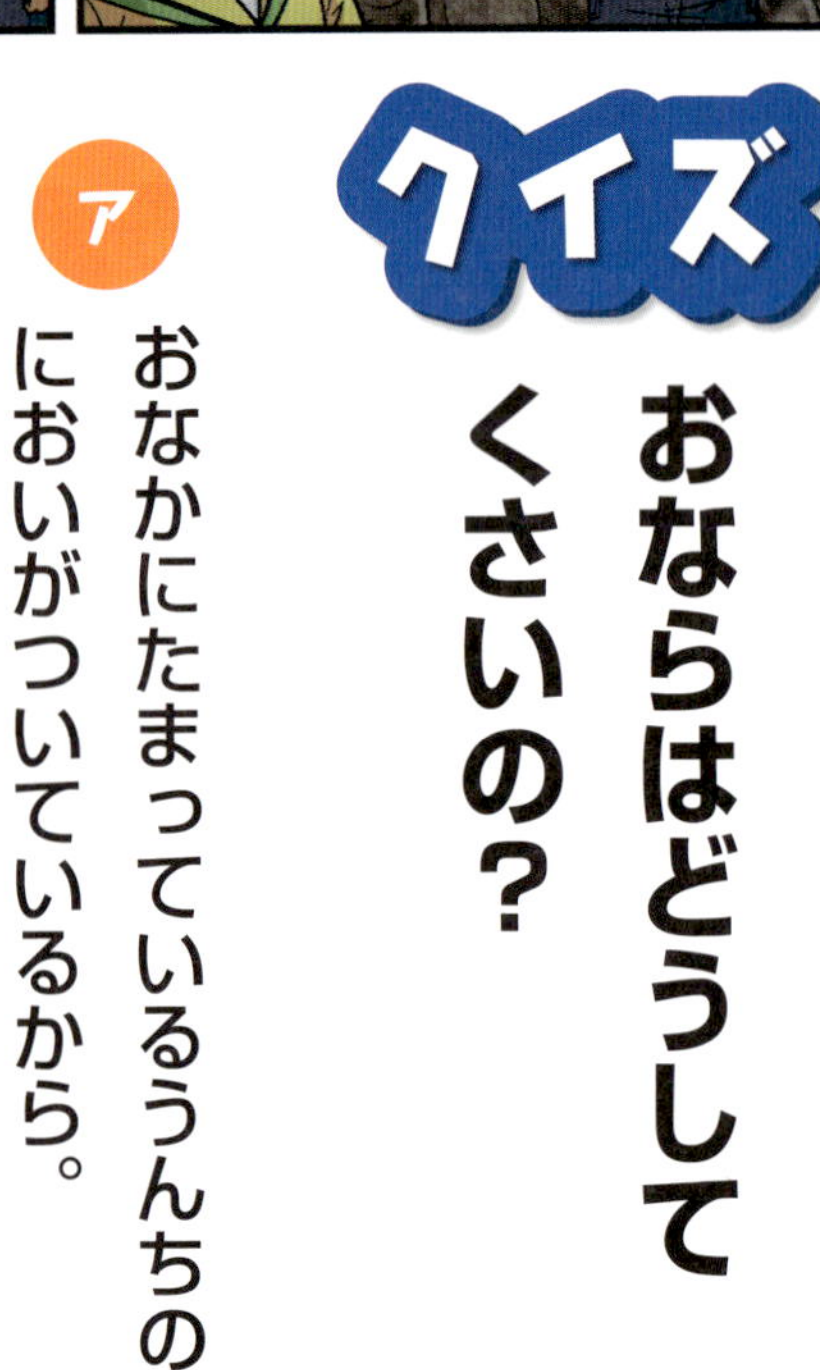

クイズ

おならはどうしてくさいの?

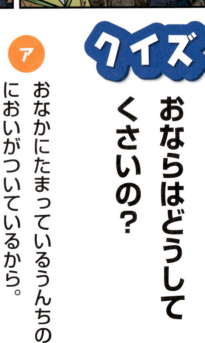

ア おなかにたまっているうんちのにおいがついているから。

イ おなかの中にいる小さな生き物がくさいガスを作るから。

ウ おなかの中でくさってしまった食べ物のにおいがついているから。

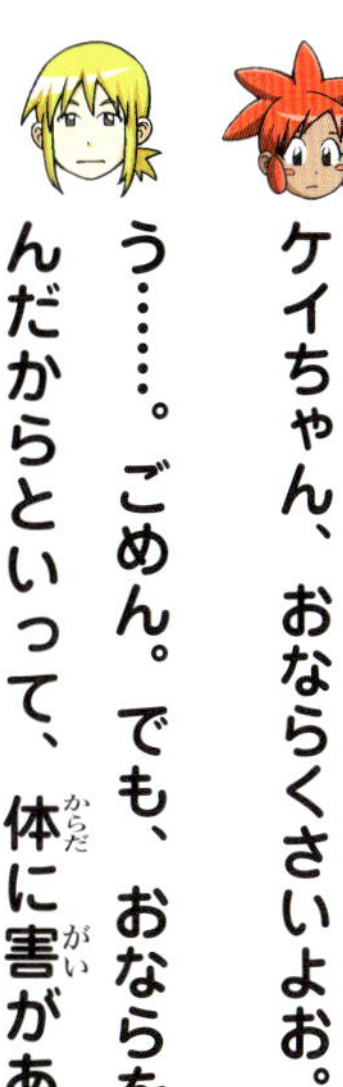

ケイちゃん、おならくさいよお。

う……。ごめん。でも、おならを吸い込んだからといって、体に害があるわけじゃないから、くさいのはがまんしてくれ。

ホントに害はないの？

おならの成分のほとんどは、ごはんを食べる時などに飲み込んだ空気だからね。

あ、それって前に聞いた、おなかがへった時に、おなかを鳴らす空気と同じってこと？

そうだよ。おなかを鳴らした空気は、おならになって体の外に出るのさ。

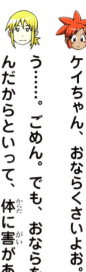

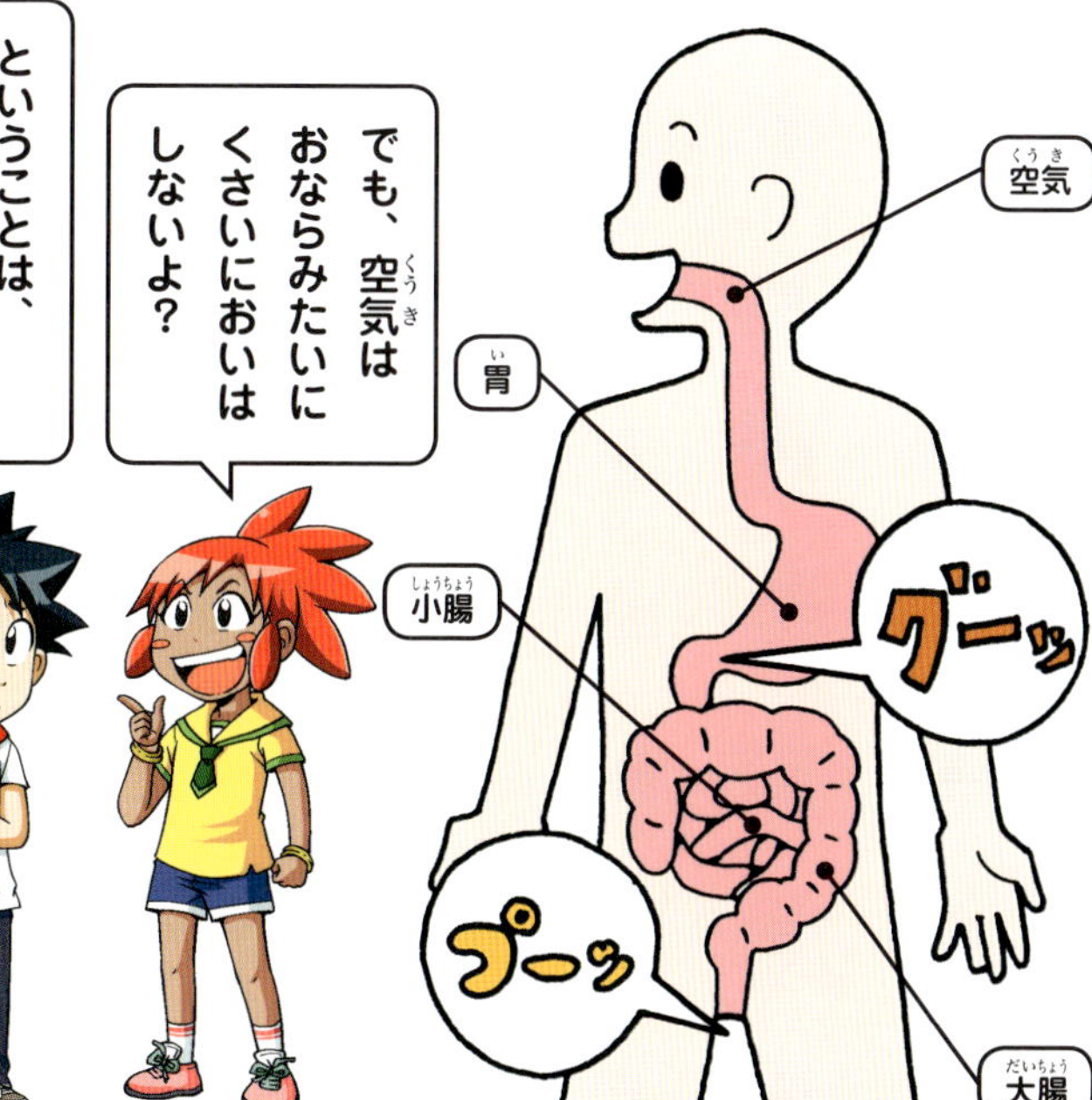
でも、空気はおならみたいにくさいにおいはしないよ？
ということは、空気のほかに、においのもとになるものがおならにふくまれているわけか。
空気
胃
小腸
大腸
グーッ
プーッ

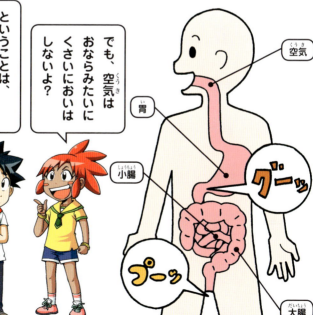

答えは次のページ！

答え

イ　おなかの中にいる小さな生き物がくさいガスを作るから。

【解説】

おならのほとんどは、口から体の中に入った空気ですが、そのほかに、大腸で作られるガスもおならになります。これがくさいにおいのもとです。

このガスは、人間の大腸の中にすんでいる大腸菌という細菌が、大腸に送られてきた消化されなかった食べ物のかすを、細かく分解するときに発生します。

大腸の中
あっ食べカスが来たぞ！
食べて分解するぞ！
バフッ
バフッ
バフッ
うんちがくさいのもこのガスのくさいにおいがつくからなんだ。

ちなみに、大腸菌には、体に良いはたらきをする善玉菌と、体に害のあるものを作る悪玉菌がいます。

おなかの調子が良い時は、善玉菌の勢いが強く、くさいガスはあまり発生しません。しかし、おなかの調子が悪い時は、悪玉菌が活発になって、くさいガスが発生しやすくなります。

ですから、くさいおならは、おなかの調子が良くないしょうこといえます。

わたしのおなかは
いつも絶好調！
だから、おならも
くさくないよ！

善玉菌を増やしておなかの調子を整えるには…？
野菜や果物をたくさん食べる。
ヨーグルトや納豆を食べる。
肉をたくさん食べすぎない。
早寝早起きの規則正しい生活をする。
ヨーグルト

よし、野菜や果物を
たくさん食べるぞ。

第4話

お！
明かりだ！
もう
出口なの？

天じょうの
穴から
光が入って
いるのか。
太陽の光が強くて
日焼けしそうだ！

どうして黒く日焼けするの？

ア はだを黒くして太陽の光をさえぎるため。

イ 太陽の光で、はだが焼けてこげてしまったため。

ウ 太陽の光をさえぎるために小さな黒い毛が生えたため。

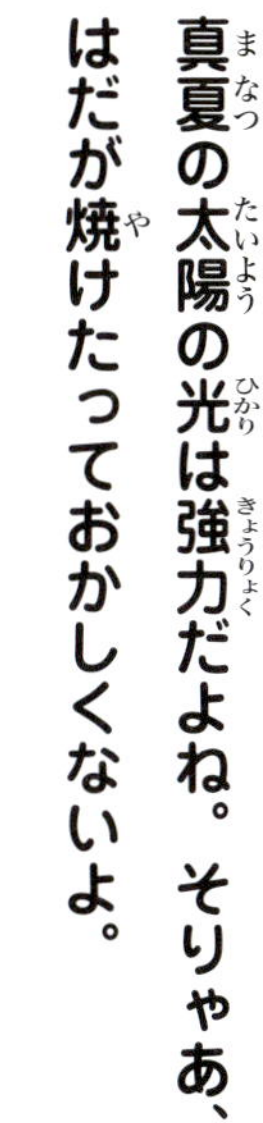

真夏の太陽の光は強力だよね。そりゃあ、はだが焼けたっておかしくないよ。

わたし、お日さま大好き！　夏はしょっちゅう海で日光浴をしてるよ。

ピピ、あんまり太陽の光を浴びすぎないほうがいいぞ。太陽の光には、紫外線っていう体に悪い光が含まれているからな。

紫外線？

少し浴びるくらいなら殺菌作用があって健康にいいけど、浴びすぎると、はだの病気になることもあるんだぞ。

うへえ。こわいよお。

夏の太陽って、けっこう危険なんだな……。
紫外線!!
ううっ。気をつけよっと！

答えは次のページ！

答え

はだを黒くして太陽の光をさえぎるため。

【解説】

人間の体には、危険な紫外線をふせぐしくみがそなわっています。

人間の皮ふには、メラニン細ぼうというものがあります。紫外線が強くなると、紫外線を浴びすぎないように、メラニン細ぼうが、メラニン色素という黒い物質をたくさん出します。これが日焼けの正体です。つまり、黒いメラニン色素が、体に悪い紫外線をふせいでくれるのです。

メラニン色素は皮ふのバリアーなのね！

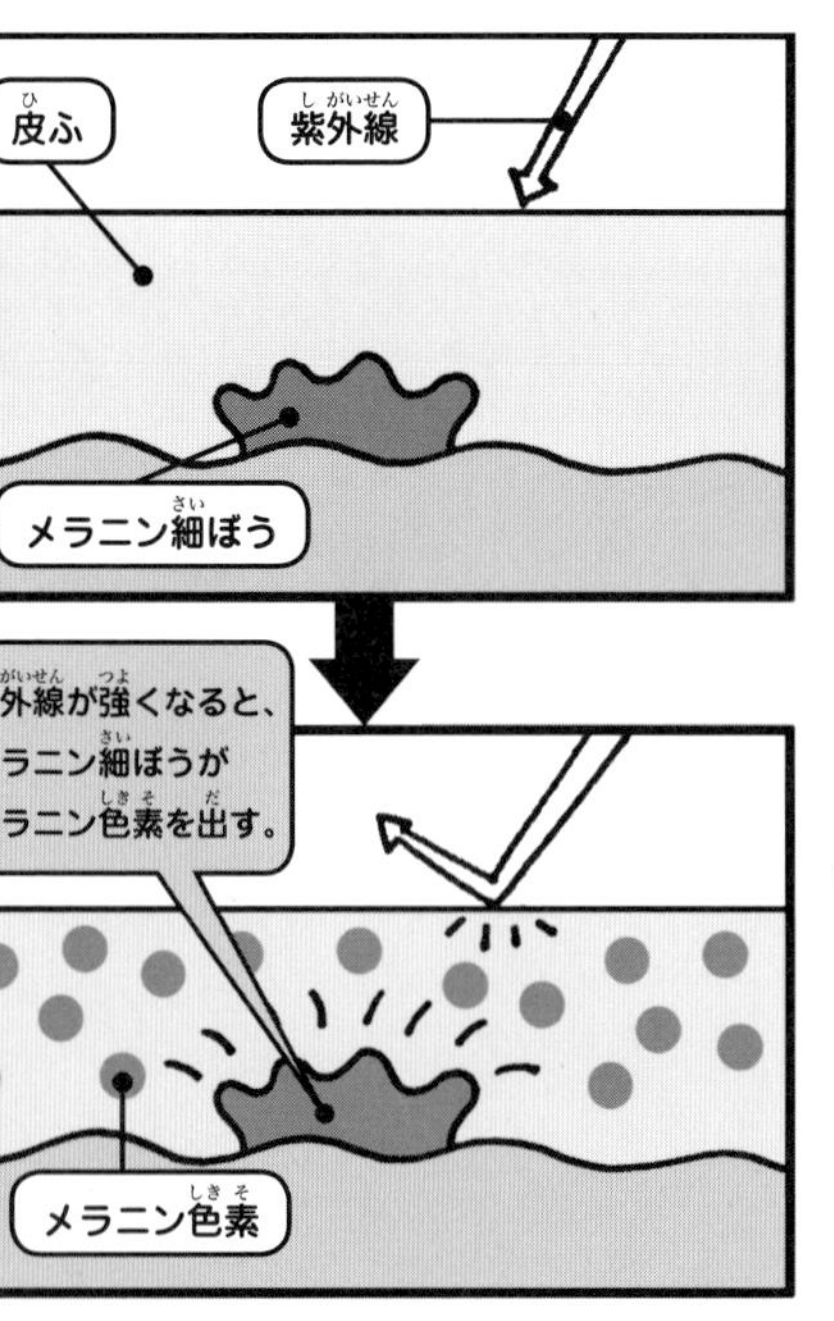
皮ふ
紫外線
メラニン細ぼう
紫外線が強くなると、メラニン細ぼうがメラニン色素を出す。
メラニン色素

しかし、紫外線をふせぎきれなかった場合は、皮ふの表面の細ぼうが死んでしまいます。そして、死んだ細ぼうは、皮ふからはがれていきます。

日に焼けすぎた時に、はだがポロポロとはがれていくのは、これが理由です。

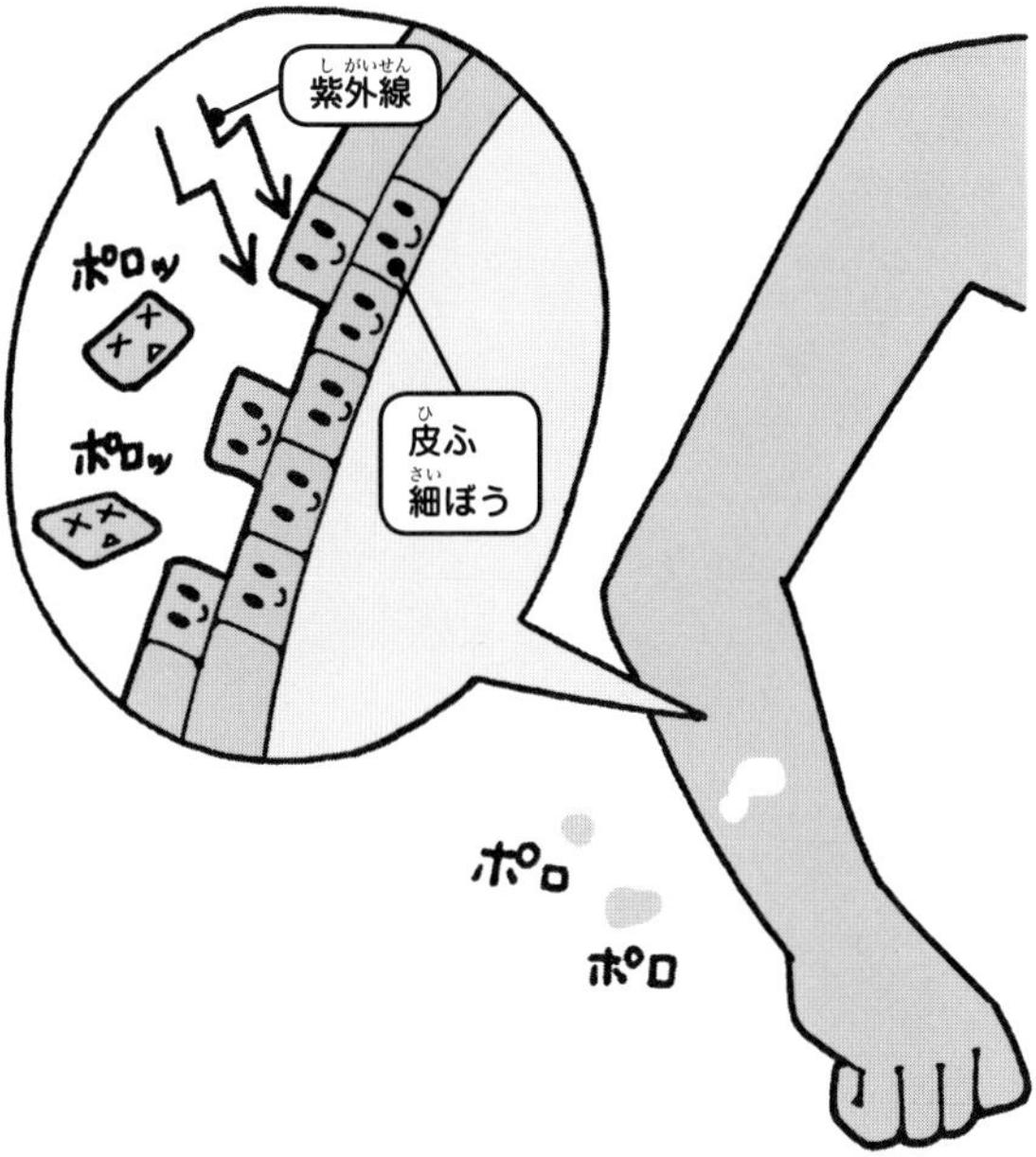

紫外線
皮ふ細ぼう
ポロッ
ポロッ
ポロ
ポロ

また、皮ふがヒリヒリして赤くなる日焼けをすることがあります。これは、メラニン色素が出たことによる日焼けではなく、紫外線によって皮ふがただれてしまったことによるものです。ひどい場合には水ぶくれができることもあります。

あまりにひどい時には、皮ふ科のお医者さんにみてもらいましょう。

僕みたいに色白な人間のほうが、日焼けがひどいんだ。

第5話

地底湖だ！
わーい。泳ぐぞ！

って、こんなに浅いよ。
残念だったね！

ところで、へそのゴマって食べられるのかな？
そんなワケあるか！

クイズ

へそのゴマの正体は何？

ア ごはんで食べたゴマが消化されずにへそにたまったもの。

イ 体の中でできた栄養分が体の外に出たもの。

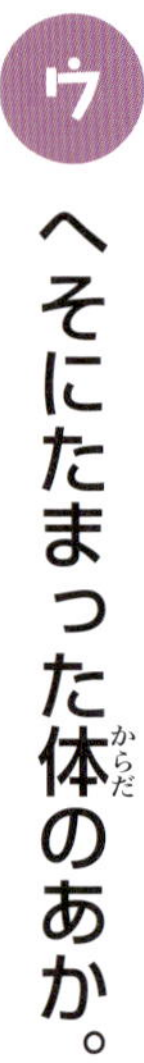

ウ へそにたまった体のあか。

へそのゴマの正体も気になるけど、そもそもへそって何のためにあるんだろうな？

たしかに、何かの役に立っているワケでもないし、おへそってむだなものだよねえ。

バカ言っちゃいけない。へそはとても大事なものなんだぞ。

どういうこと？

僕たちが生まれる前にお母さんのおなかの中にいる時、へそでお母さんとつながっていて、そこから体に必要な栄養や酸素をもらっていたんだ。

そうか。今はとくに役立っていないけど、生まれる前はとても大事な役目をしていたのか！

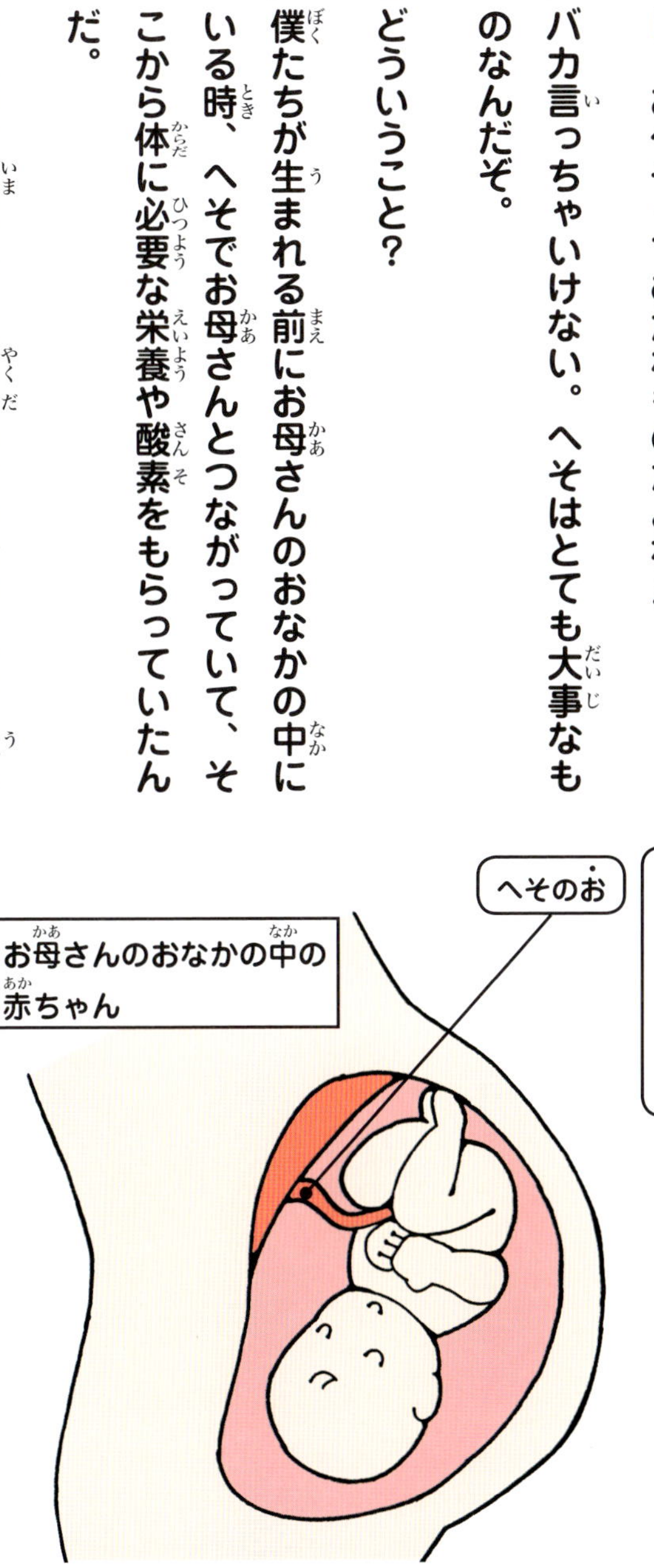
お母さんとつながっているひもの部分は、「へそのお」というぞ。
へそのお
お母さんのおなかの中の赤ちゃん
答えは次のページ！

ウ へそにたまった体のあか。

【解説】

はだをこすると、あかがポロポロ出ることがありますよね。あかというのは、古い皮ふです。人間の皮ふは、常に古いものと新しいものが入れかわっています。そして、入れかわった古い皮ふは、体からはがれ落ちます。これがあかなのです。

おへそはへこんでいるので、あかがはがれ落ちにくく、どんどんたまっていきます。このあかに、着ていた服のホコリなどがまざって、へそのゴマになるのです。

あかとかがかたまって黒く見えるのか!
体から出るあぶら
服のホコリ
あか
皮ふ
へそ
へそのゴマ
体の脂肪

うへぇ。
へそのゴマって
きたないんだ。
取っちゃダメなの？

お母さんに
へそのゴマは
取っちゃダメって
言われたような
気がするぞ。

綿棒で
やさしくね！

へそのゴマは、体のよごれです。清潔にするためにも、へそのゴマを取ってきれいにしたほうがよいです。でも、へそというのは、とても敏感な場所。力強くタオルでゴシゴシこすったり、直接指でほじってへそのゴマを取ったりしたら、おなかが痛くなるかもしれません。また、へその皮ふを傷つけると、そこからばい菌が体の中に入ってしまい、病気になることもあるので注意が必要です。

綿棒などを使って、やさしくへそを洗ったり、ゴマを取ったりするとよいでしょう。

へそを洗うのは
数カ月に
1度くらいで
いいみたいだよ。

第6話

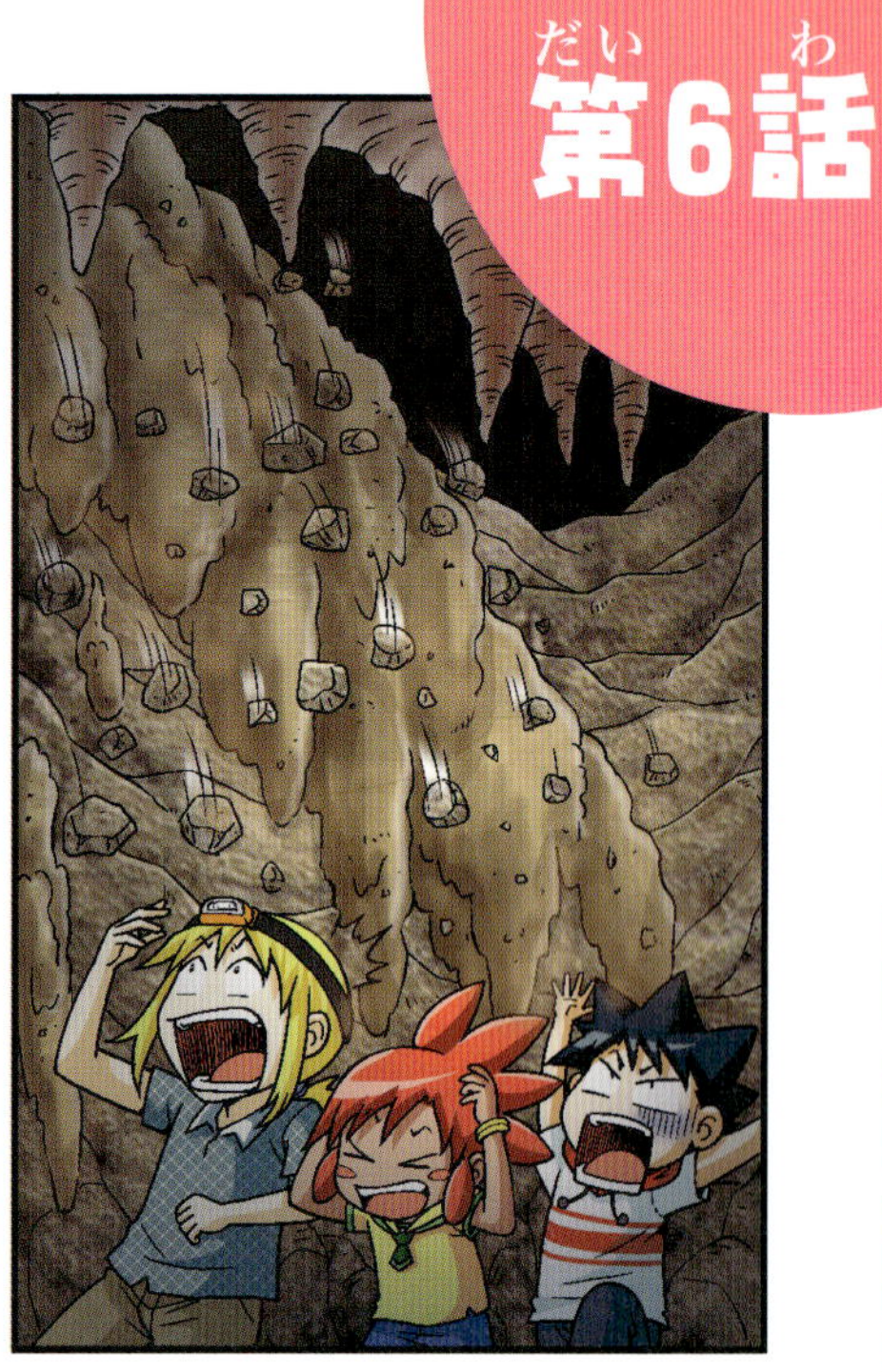

みんな大丈夫か？
わたしは平気よ。

でも血が出てるぞ？
なめておけば大丈夫よ！

クイズ

人間の体にはどうして血が流れているの？

ア　機械の油のように、体をスムーズに動かすため。

イ　体がかわかないように、水分の量を保つため。

ウ　体に栄養や酸素をとどけるため。

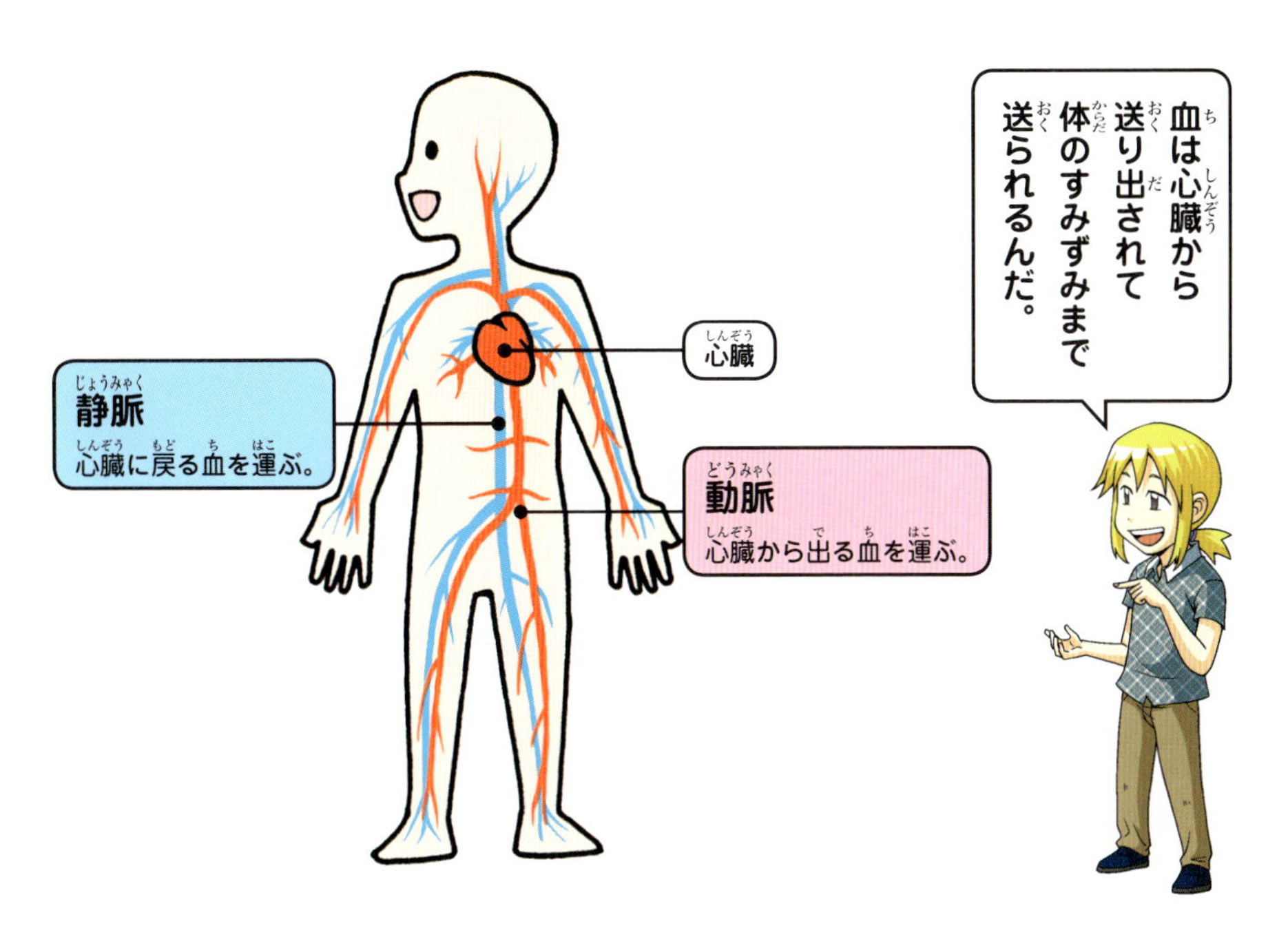
血は心臓から送り出されて体のすみずみまで送られるんだ。
心臓
静脈
心臓に戻る血を運ぶ。
動脈
心臓から出る血を運ぶ。

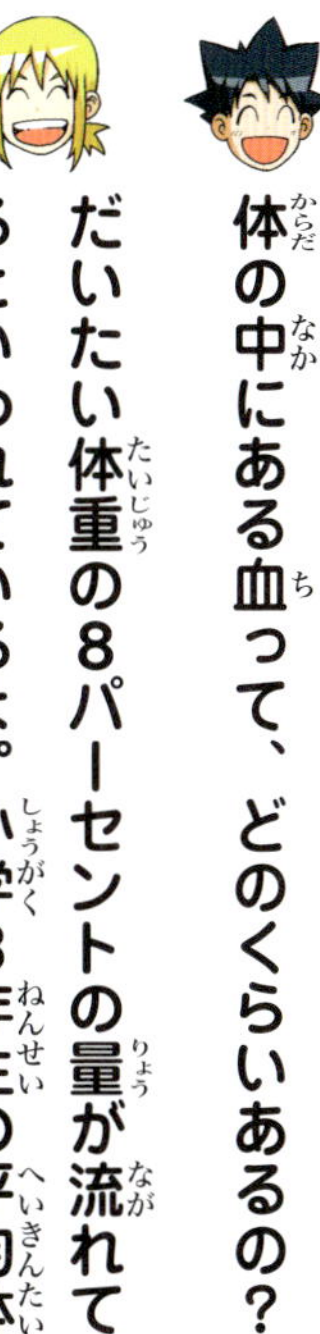

体の中にある血って、どのくらいあるの？

だいたい体重の8パーセントの量が流れているといわれているよ。小学3年生の平均体重と同じ27キログラムの人の場合、およそ2リットルの血が流れている計算になるんだ。牛乳パック2本分だね。

そんなにたくさんあるなら、少しぐらい血がなくなっても平気よね！

少しぐらいならね。でも、全体の30パーセントの血がなくなると、命の危険があるぞ。

うわーん！　わたしの血、早くだれか止めて！

おおげさだな。そのくらいなら大丈夫だよ。

答えは次のページ！

ウ 体に栄養や酸素をとどけるため。

【解説】

血のほぼ半分は液体で、のこりの半分は赤血球、白血球、血小板などの細ぼうです。液体の中には、消化した食べ物から取り込んだ栄養分がとけこんでいます。また、赤血球の中には、呼吸をして体の中に取り込んだ酸素がとけこんでいます。

栄養分と酸素は、血の流れによって、体のすみずみにまでとどけられ、体を動かすエネルギーになるのです。

血の中にはいろんなものが入っているんだね。
血管
白血球
血小板
赤血球

白血球とか血小板はどんなはたらきをしているの？

白血球のはたらき
自分は体を守る防衛隊です！体の中に悪い菌が入ってきたら、すぐに食べて退治します！

撃退せよ！

血小板のはたらき
わたしは傷口の血を止めるのが仕事よ。血管が破れて血が出たら、わたしたちが集まって穴をふさぐのよ！

破れた!!

みんな集まって！

ふさぐわよ！


ところで、血が赤く見えるのはどうしてだと思いますか？　これは、酸素を運ぶ赤血球が赤いからなのです。

また、手の甲などに浮き出て見える血管が青く見えることがありますが、これは光が皮ふに当たって、赤血球に赤い光が吸収されて、青い光が反射して見えるからです。


よかった！

わたしの血が止まったよ！

血小板のおかげだね。

第7話

さっきの
土砂くずれで、
すっかり穴が
うまったぞ。

何とか
しないと
このまま
洞窟に
とじこめ
られる！

さっきの
傷が痛くて
ずきずきする！

けがをすると どうして痛みを 感じるの？

ア 痛くていやな思いをすることで、二度とけがをしないように気をつけさせるため。

イ 自分の体に危険なことが起きていることを知らせるため。

ウ けがをしたところからばい菌が入ってあばれるから。

うわあん。痛いよ～。ケイちゃん、痛みを感じないように何とかして。

痛いのは、痛みを感じる神経があるからさ。皮ふにはいろいろな刺激を感じる神経があるんだ。

刺激を受けると、神経を伝わって脳に情報が送られて、痛さを感じるってわけだね。

え～。じゃあわたしの神経、取っちゃって～。

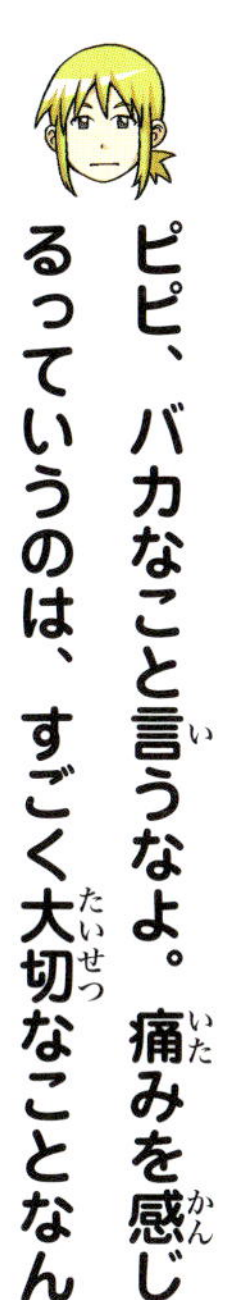

ピピ、バカなこと言うなよ。痛みを感じるっていうのは、すごく大切なことなんだぞ。

ええ？痛いのが大切なの？何で？

①ケガをした！

②ケガをしたな！よし。痛みを感じるんだ！

③痛いっ！

答えは次のページ！

答え

イ　自分の体に危険なことが起きていることを知らせるため。

【解説】

けがをすると、その情報が伝わった脳は、けがをした部分が痛くなるように命令を出します。痛いというのは、とてもいやな感覚です。脳はどうしてそんな命令を出すのでしょうか。

痛いというのは、わたしたちの体のどこかに問題があることを知らせてくれるサインなのです。

もし、けがをしても、痛いと感じなかったらどうなるでしょうか？　きっとけがをしたことに気づかず、治療をしないでしょう。治療をし

骨折した！
ポキッ
痛みを感じないと…
でも痛くないから平気！
悪化!!
あれ？歩けなくなっちゃったー！
ぷら〜ん

いろんな「痛い！」は体からのピンチのサイン！
歯が痛い！
↓
虫歯かも？
目が痛い！
↓
目の病気かも？
おなかが痛い！
↓
胃や腸に問題があるかも？
ひざが痛い！
↓
ひざに問題があるかも？
痛いのはいやだけど、大切な感覚なんだな。

ないでいると、ひょっとしたら命にかかわるかもしれません。ですから、「痛い」という感覚は、とても大切なことなのです。

痛み止めは、神経をまひさせて、痛さを感じさせなくする薬です。使いすぎることは体にとってあまりいいことではありません。痛みがひどくて眠ることができないなど、どうしても仕方がない場合以外には使わないほうがよいでしょう。

痛いって感じるから、薬をぬったりして対策ができるのね。

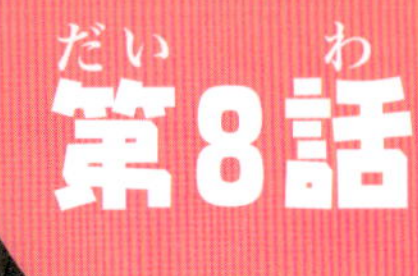

第8話

これで大丈夫だ。
ありがと。
何だか寒くなってきたな。
わあ！とりはだが立った！
とじこめられたままじゃまずいぞ。

クイズ

寒い時にとりはだが立つのはどうして？

ア 体の熱を逃がさないようにするため。

イ とりはだを見ることで、寒さの度合いを知るため。

ウ ぽつぽつのはだを見せて敵を驚かすため。

「とりはだ」って、はねをむしった鳥の皮ふに似ているから「とりはだ」っていうんだってね。

ほかに「あわはだ」ともいうらしいぞ。

ケイちゃん、「あわ」って何？

穀物の一種で、とても小さな実ができる植物だ。はだにできたぽつぽつが、あわの実に似ているから「あわはだ」っていうんだろうな。

関西地方では「さぶいぼ」っていう人もいるみたいだね。

寒い時にできる「いぼ」ってことかな。おもしろ～い！

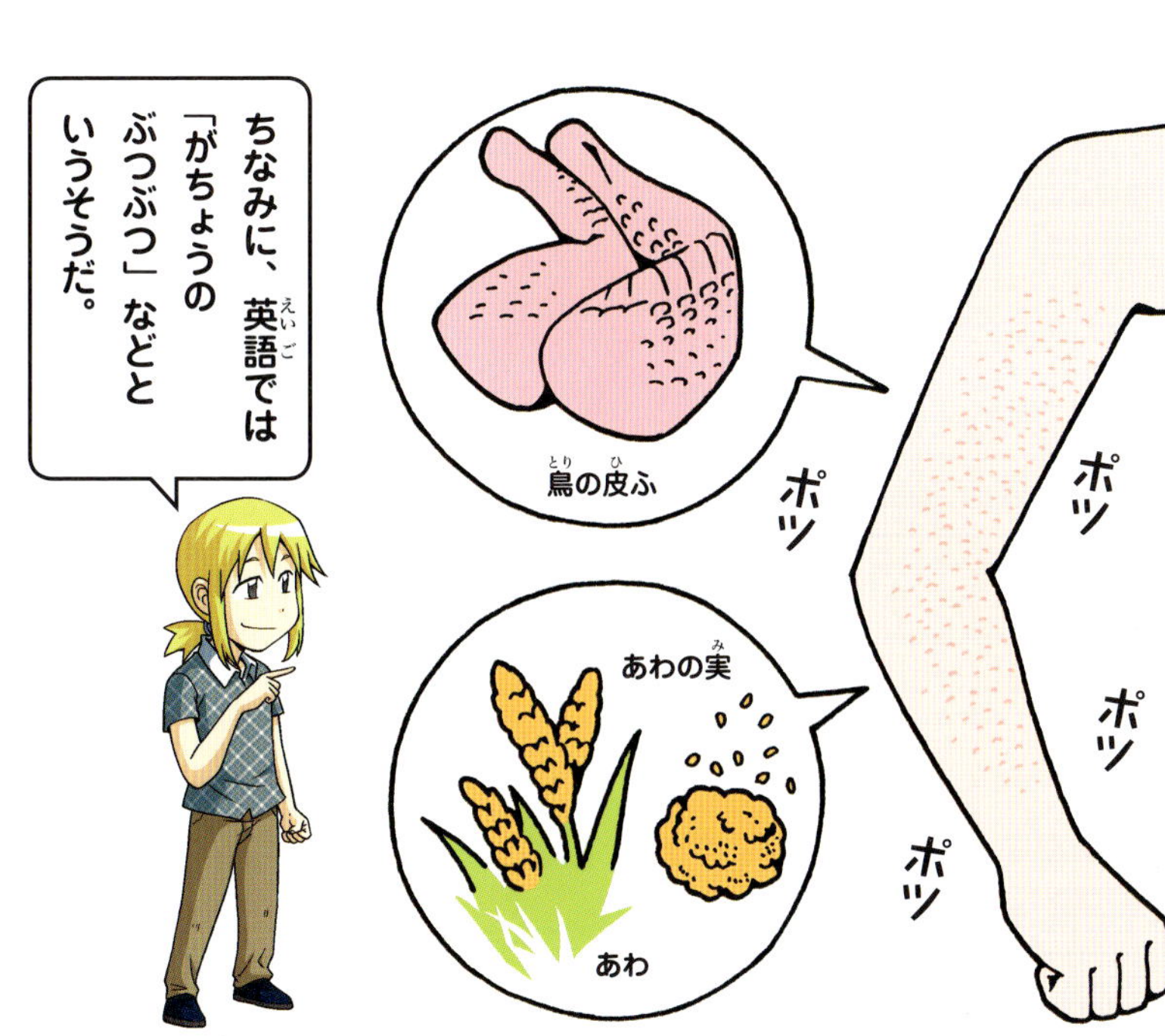

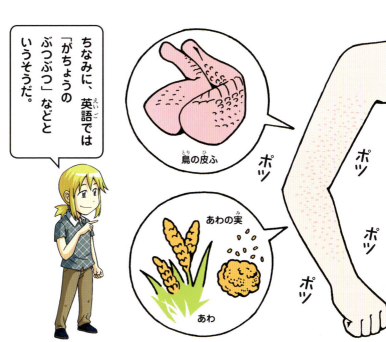

ちなみに、英語では「がちょうのぶつぶつ」などというそうだ。
鳥の皮ふ
あわの実
あわ
ポツ
ポツ
ポツ
ポツ

答えは次のページ！

答え

ア　体の熱を逃がさないようにするため。

【解説】人間だけでなく、動物も寒いととりはだが立ちます。

とりはだが立つのは、寒くなると毛の根元にある筋肉がひきしまって、毛の周りの皮ふが盛り上がるからです。そして、皮ふが盛り上がると同時に、毛がぴんと立ちます。すると、毛のすきまに空気がたまって、体の熱が逃げにくくなります。

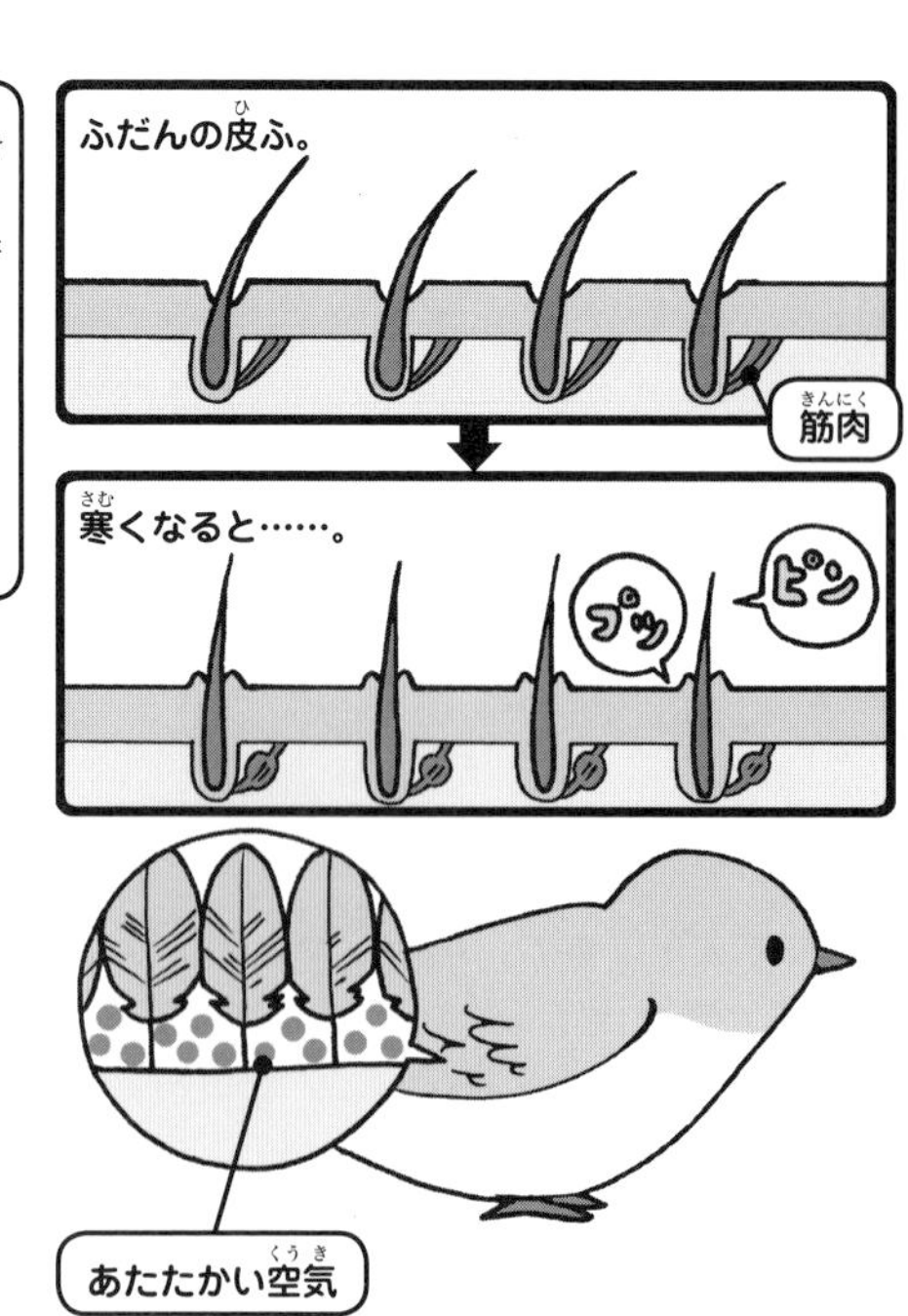
ふだんの皮ふ。
筋肉
寒くなると……。
プッ
ピン
あたたかい空気

毛を立てると、そのすきまに空気がたまるから、体の熱が逃げにくくなるんだね。

もっとも、人間の場合、長い毛がないので、とりはだが立っても、体の熱を逃がさない効果はほとんどありません。

人間のとりはだは、大昔、人間の祖先に長い毛が生えていた頃の名残だと考えられています。何百万年前に生きていた、人間の遠い祖先は、サルのように全身に毛が生えていたそうです。

僕らのとりはだは、動物のとりはだのように体を温める役にはあまり立っていないってことさ。

ところで、怪談のような怖い話を聞いたときにもとりはだが立つことがありますね。

これは、ネコが相手をおどかす時に、毛を逆立てることがあるのと同じです。寒い時だけでなく、強い緊張を感じた時にも、とりはだが立つのです。

そういえばこの前、ジオの後ろから、「わっ!」っておどかしたら、とりはだが立っていたよ。

第9話

ここはサバイバルキングの僕にまかせて！
いいアイデアがあるの？

手で土をほるのさ！
つめがわれちゃうよ？

つめはわれてもまたのびるから大丈夫！

クイズ

どうしてつめはのびるの？

ア 大昔、人間の祖先が、長いつめでえものをつかまえていた名残。

イ つめは古くなると、くさって病気のもとになるから。

ウ 生活をしているうちに、つめがどんどんすりへっていくから。

ケイちゃん。そもそもつめって、何の役に立っているの？

ひとつは、指を守るためだ。たとえば、かたいものに指をぶつけた時、つめがあるから、指は守られる。あと、つめがあるおかげで、指先に力が入りやすくなるから、ものがつかみやすくなるんだ。

へえ、つめって大事なんだね。

じゃあ、1日にどのくらいのびるの？

1日だと、平均で0・1ミリくらいだな。1カ月で3ミリほどのびるんだ。しかも、よく使う指のつめほど、速くのびるぞ。

つめは、皮ふの一部が変化してかたくなってできたものなんだ。でも、皮ふとちがって、血管や神経は通っていないぞ。
パチッ
だから切っても血が出ないし、痛くないんだね！
痛くない！

答えは次のページ！

答え

ウ 生活をしているうちに、つめがどんどんすりへっていくから。

【解説】

つめは、毎日の生活の中で、いろいろなものにさわることで知らないうちにどんどんすりへっています。

そのため、つめがなくなってしまわないように、つめの根元にある「爪母基」というところで毎日新しいつめが作られています。新しいつめが作られ、古いつめがどんどん押し出されていくことで、つめはのびているのです。

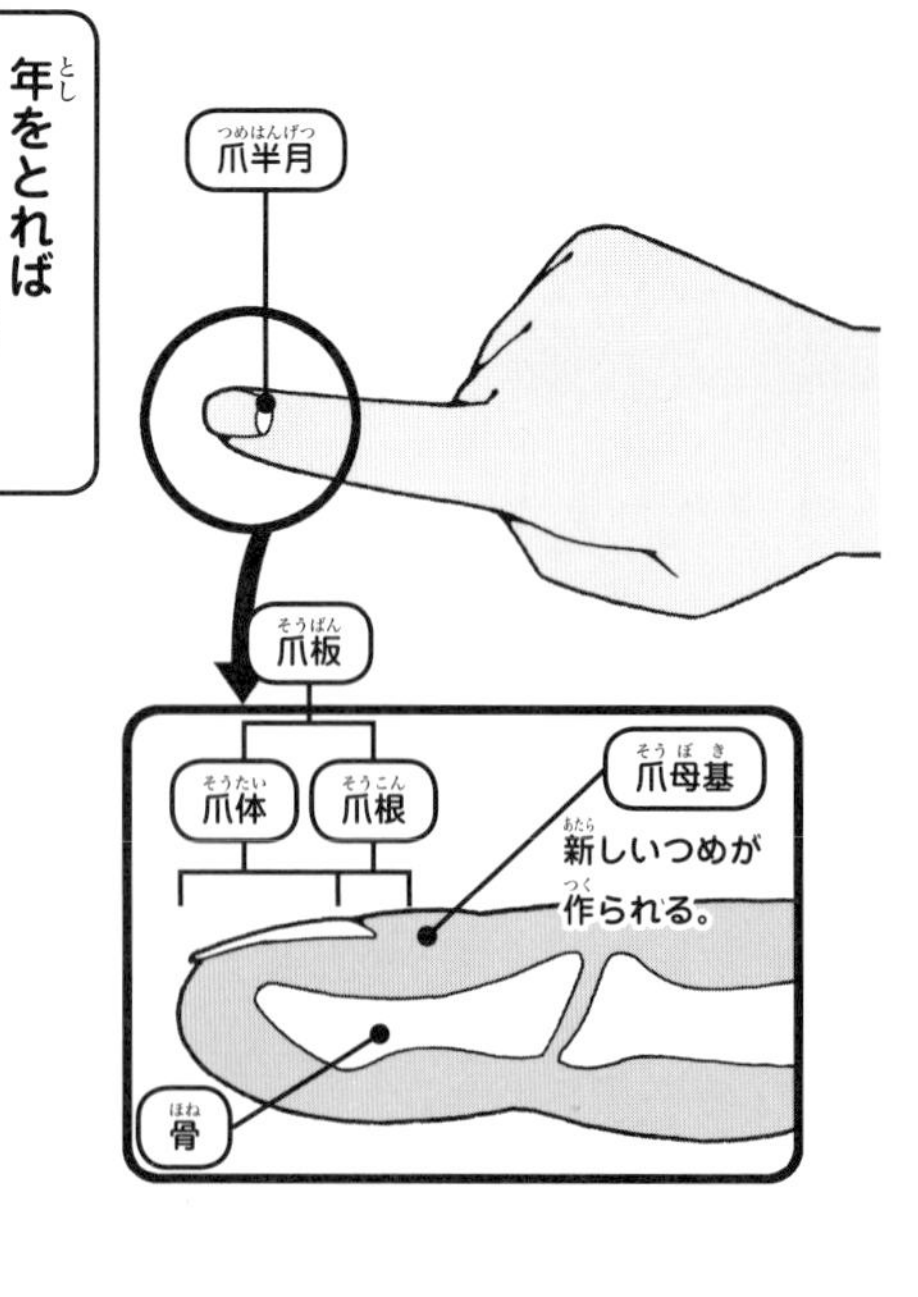
爪半月
爪板
爪体
爪根
爪母基
新しいつめが作られる。
骨
年をとればとるほど、新しいつめを作る力が弱くなって、のびるスピードが遅くなるんだ。

そういえば、爪半月の部分がはっきり見えると健康だって聞いたことがあるけど……。

昔から爪半月の白い部分がはっきり見えると健康だといわれていますが、あまり関係はないようです。しかし、つめの状態から体の健康状態を知ることはできます。

一般に、ピンク色で、つやつやしているつめは健康なしょうこです。つめにたてや横のすじがあったり、つめがそっていたりしたら、体のどこかに問題があると考えられます。あなたのつめはどうですか？

健康な爪

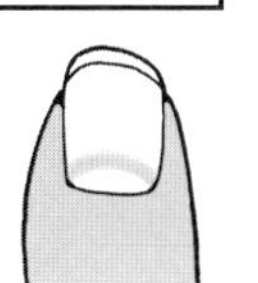

ピンクでつやつや。

横じわがある

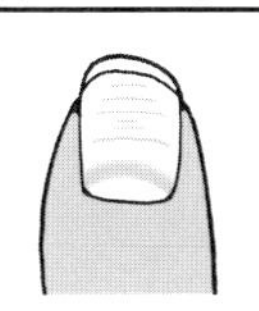

病気や栄養不足でつめの成長が一時止まったことがある。

たてじわがある

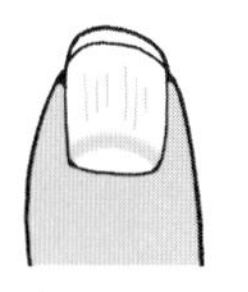

年を取った、胃のはたらきが悪いなど。

さじ状

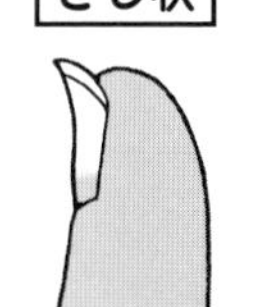

貧血などでつめの先がスプーンのようになる。

ばち状

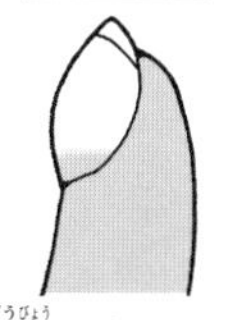

心臓病などでつめに十分酸素が行っていない。

僕のつめは、ピンクでつやつやだ！

第10話

やった。開通したぞ！
向こうにトロッコがあるぞ。

これに乗って脱出だーっ！
うえ～っぷ！気持ち悪い……。

クイズ

どうして乗り物よいをするの？

ア 乗り物がゆれると、胃もゆさぶられて気持ち悪くなるため。

イ 不規則なゆれが、脳のはたらきをくるわせるため。

ウ ゆれることで、体の中にアルコール（お酒のもと）が作られるため。

うう、すごくゆれる。生つばが出て、めまいがしてきたぞ……。

ケイ、それって乗り物よいの前兆だぞ。

どうすれば、乗り物よいをしなくてすむの？

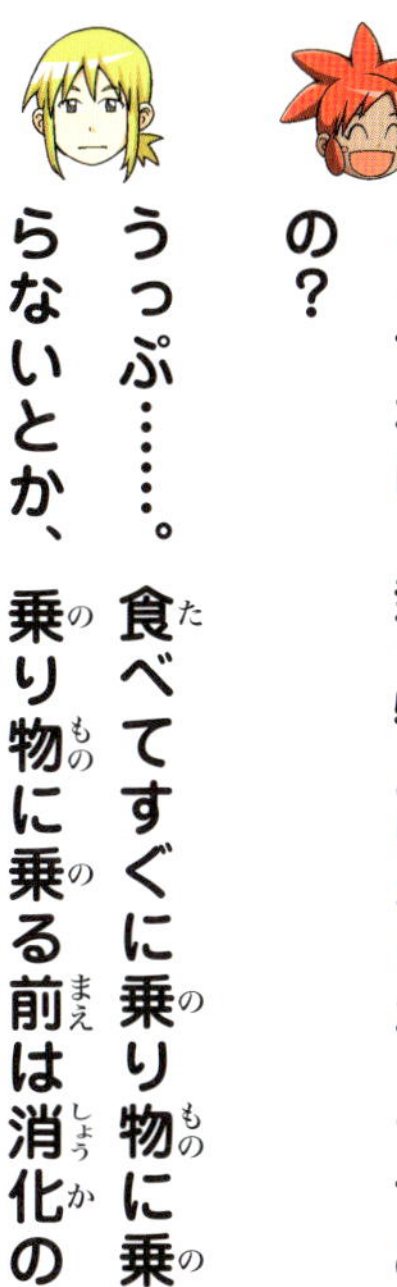
うっぷ……。食べてすぐに乗り物に乗らないとか、乗り物に乗る前は消化のいい食べ物を食べるとか、遠くの景色を見るとか、あと、よい止めの薬を飲むとか……。

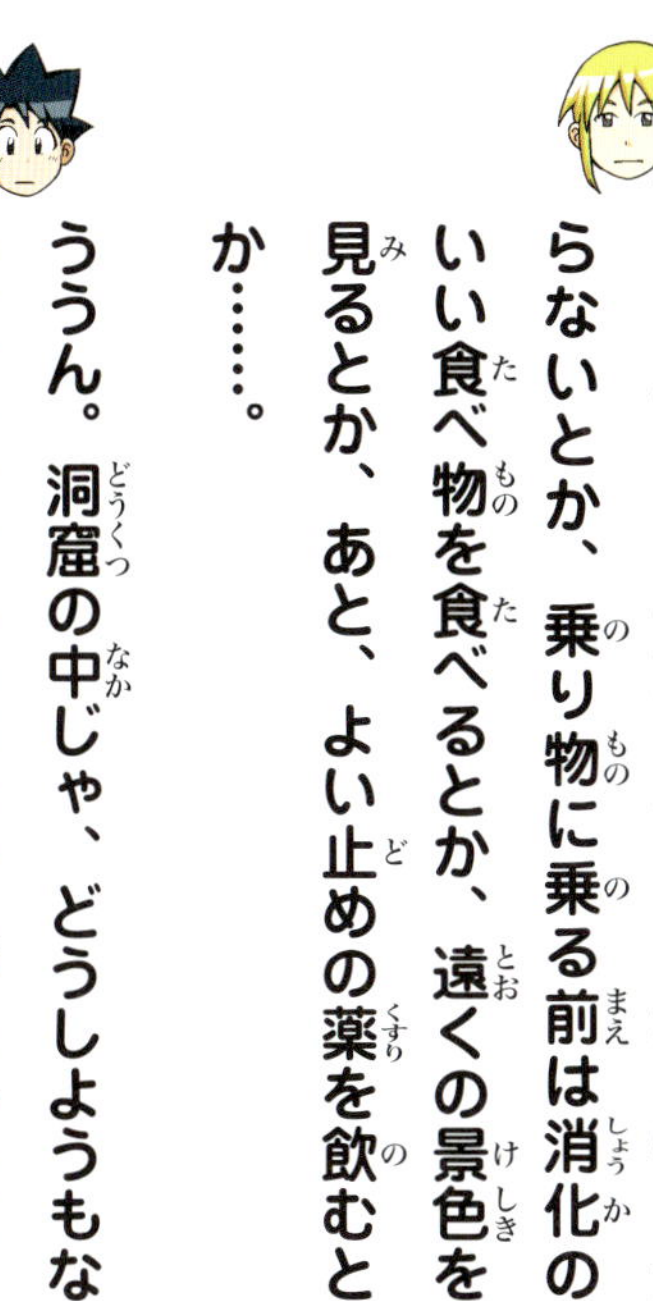
ううん。洞窟の中じゃ、どうしようもないな。ケイ、もうちょっとがまんして！

はやく洞窟から出たいよ～っ！

こうすれば、乗り物よいになりにくいんだって！

乗る前
空腹も食べすぎもダメ。
食べてすぐに乗らない。
30分前に
よい止めを飲む。
乗り物の中では
体をしめつけない
服装に。
乗る時
席は４列目か
５列目にすわる。
タイヤの上はダメ。
ゆったりすわって
遠くを見る。

答えは次のページ！

イ 不規則なゆれが、脳のはたらきをくるわせるため。

【解説】

人間の耳のおくには、体の動きやかたむきをとらえる「内耳」というものがあります。

この「内耳」から、自分の体がどんなふうにかたむいているかなどの情報が脳に送られています。それと同時に、目から入る景色の情報も、脳に送られています。

脳は、かたむきの情報と目からの情報を合わせて体をコントロールしています。

左にかたむいていまーす!
か牛
内耳
中耳
耳って、音を聞くだけじゃないんだね。

ところが、バスの中のように、ふだんなれていない不規則なゆれがある場合、かたむきの情報と目から入る情報にずれが出て、脳が混乱してしまいます。脳が混乱すると、不快に感じるようになります。これが、乗り物よいの正体です。

乗り物によってしまった場合は、降りてひと休みするのがよいですが、降りることができない場合は、窓を開けて風に当たり、シートを倒すなどして、楽な姿勢を取りましょう。そして、鼻から息を吸って、口からはくように呼吸をするとよいでしょう。

やった。脱出成功だ！
ううっ。助かった……。

人体のサバイバル

1 歯は鉄よりもかたい！

「モース硬度」という、かたさを表す数字で、鉄のかたさが3なのに対して、歯のかたさは7となっている（数字が大きい方がかたい）。これは水晶と同じかたさだよ。

2 がまんしたおならは口から出る！

おならをがまんすると、そのガスは血管などを通って体をめぐり、一部は息をはくときにいっしょに出るといわれているんだ。

3 くしゃみは新幹線なみの速さ！？

くしゃみをした時に出る息の速さは最速で時速320キロメートルといわれている。これは、東北新幹線の最高速度と同じだ。ちなみに、せきをした時に出る息の速さは時速160キロメートル。プロ野球の剛速球投手レベルだ。

人のからだに関するビックリする豆ちしきを集めたよ！

ビックリ豆ちしき！

4 1日に出るつばの量は、牛乳パック1本分！

口の中で出るつば（だ液）は、おとなで1日に1リットルと言われているよ。つばは、虫歯菌を退治するなど、歯を守るのに大切な役割をしているよ。

5 心臓は痛さを感じない！

心臓には、痛さを感じる神経がない。だから、心臓そのものが痛みを感じることはないよ。心臓のあたりが痛くなるのは、心臓の近くの筋肉などが痛みを感じているからなんだ。

6 くやしなみだのほうがしょっぱい!?

なみだはしょっぱい味がするけれど、気持ちのちがいで、濃さがちがうそうだよ。悲しい時やうれしい時よりも、くやしかったり、怒ったりした時のなみだのほうがしょっぱいんだって。

人のからだにはいろいろなオドロキがあることがわかったかな？

生き物のサバイバル

森に迷い込んでしまった、ジオとピピ、
そして２人をさがすケイ。

３人といっしょに森の中で生き物の
不思議クイズを解いていこう！

第1話

まわりをよく見て歩けよピピ！
大丈夫だって！
うわっ！クモの巣にひっかかった！

クイズ

クモはどうしてじぶんの巣にひっかからないの？

ア　生まれた時から巣で生活しているから。

イ　ねばる糸とねばらない糸を使い分けているから。

ウ　本当はひっかかっているが、気にしていないだけ。

ダニ
クモ
サソリ
ウミサソリ
カブトガニ

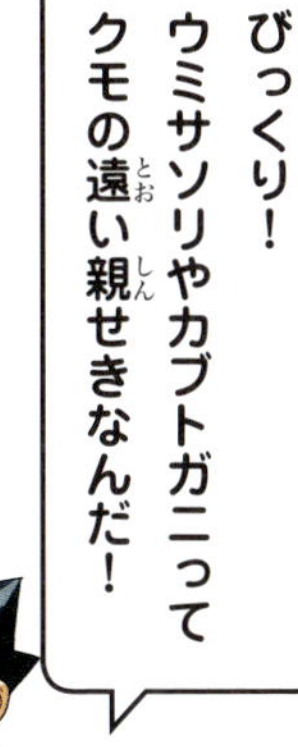
びっくり！
ウミサソリやカブトガニって
クモの遠い親せきなんだ！

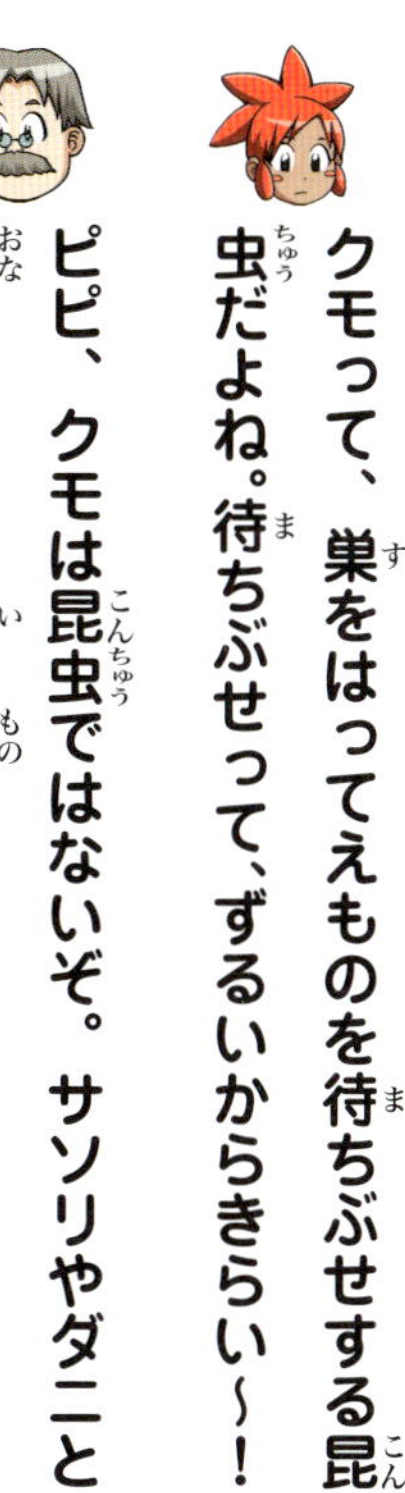
クモって、巣をはってえものを待ちぶせする昆虫だよね。待ちぶせって、ずるいからきらい〜！

ピピ、クモは昆虫ではないぞ。サソリやダニと同じなかまの生き物なのじゃ。

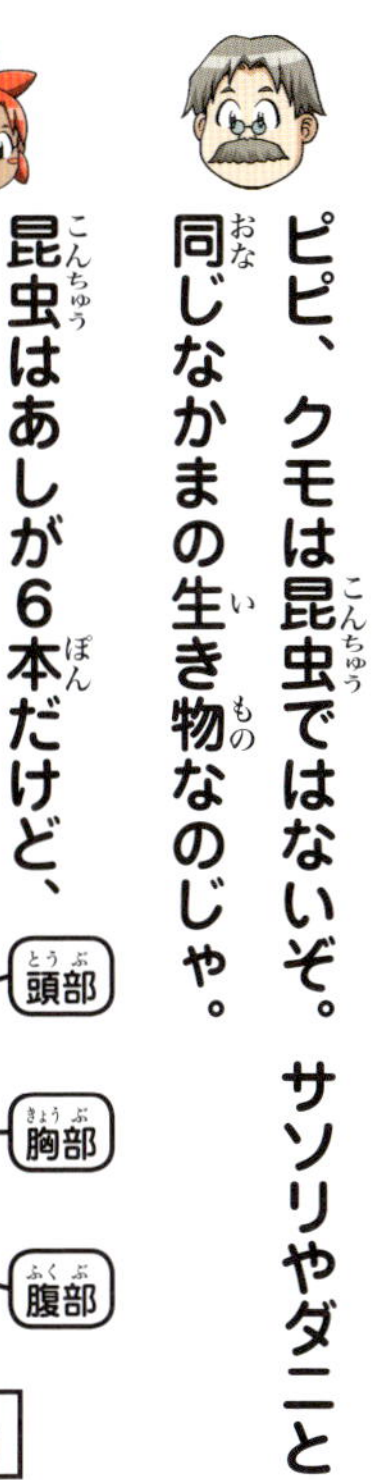
昆虫はあしが6本だけど、クモは8本あるね。

あと、昆虫は頭・胸・腹に分かれていてはねがあるけれど、クモは頭と胸がいっしょではねがないんだ。

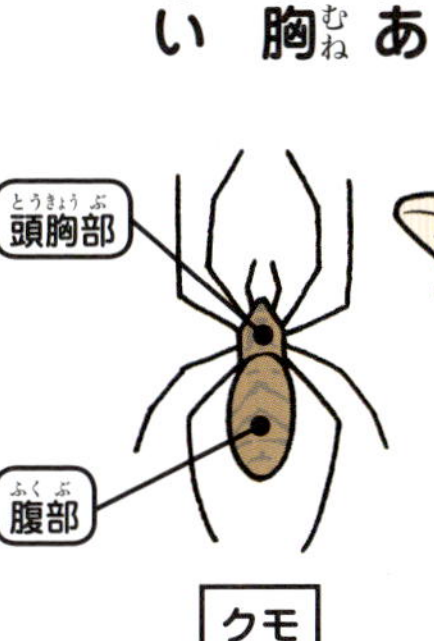
頭部
胸部
腹部
昆虫（ハチ）
頭胸部
腹部
クモ

クモやサソリの遠い親せきと考えられているのが大昔に生きていたウミサソリじゃ!!

答えは次のページ！

答え

イ ねばる糸とねばらない糸を使い分けているから。

【解説】
現在、日本では1200種ほどのクモが知られていて、そのうち半分が巣（あみ）をはります。巣をはるクモは、こう門の近くにある「糸いぼ」という器官から糸を出します。
クモはねばる糸とねばらない糸を使い分けて巣をはります。ねばる糸はえものをとらえるところだけに使い、クモはねばらない糸で作った巣の中心でえものを待ちます。

完成したコガネグモの巣

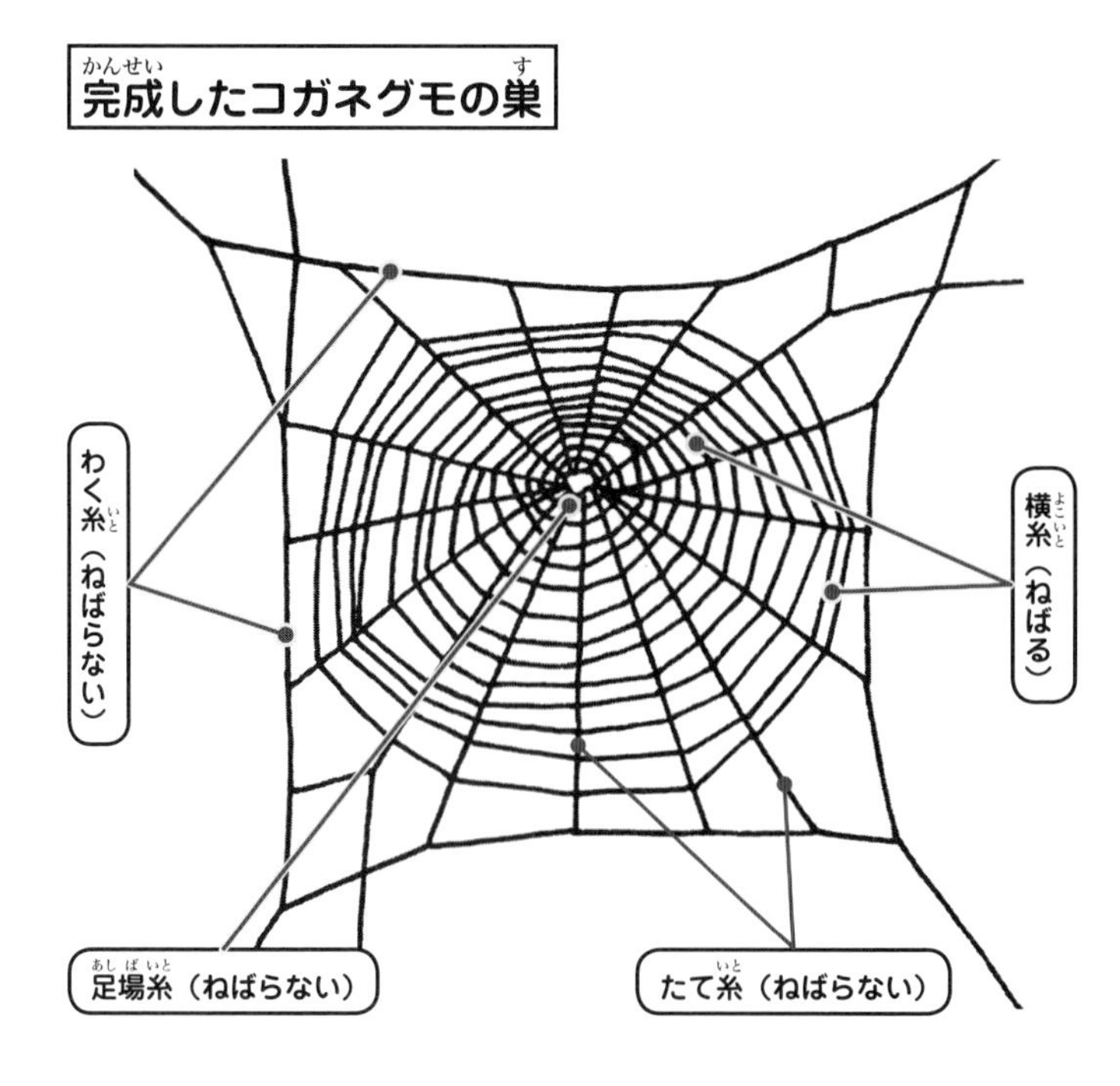
わく糸（ねばらない）
横糸（ねばる）
足場糸（ねばらない）
たて糸（ねばらない）

巣をはるクモのあしの先には、ふくざつな形のつめがあります。このつめで糸をたばねたり広げたり、糸の上を歩いたりしています。つめ近くのあしの毛から、ねばる糸にもからまない、油のようなものを出しているともいわれますが、まだよくわかっていません。

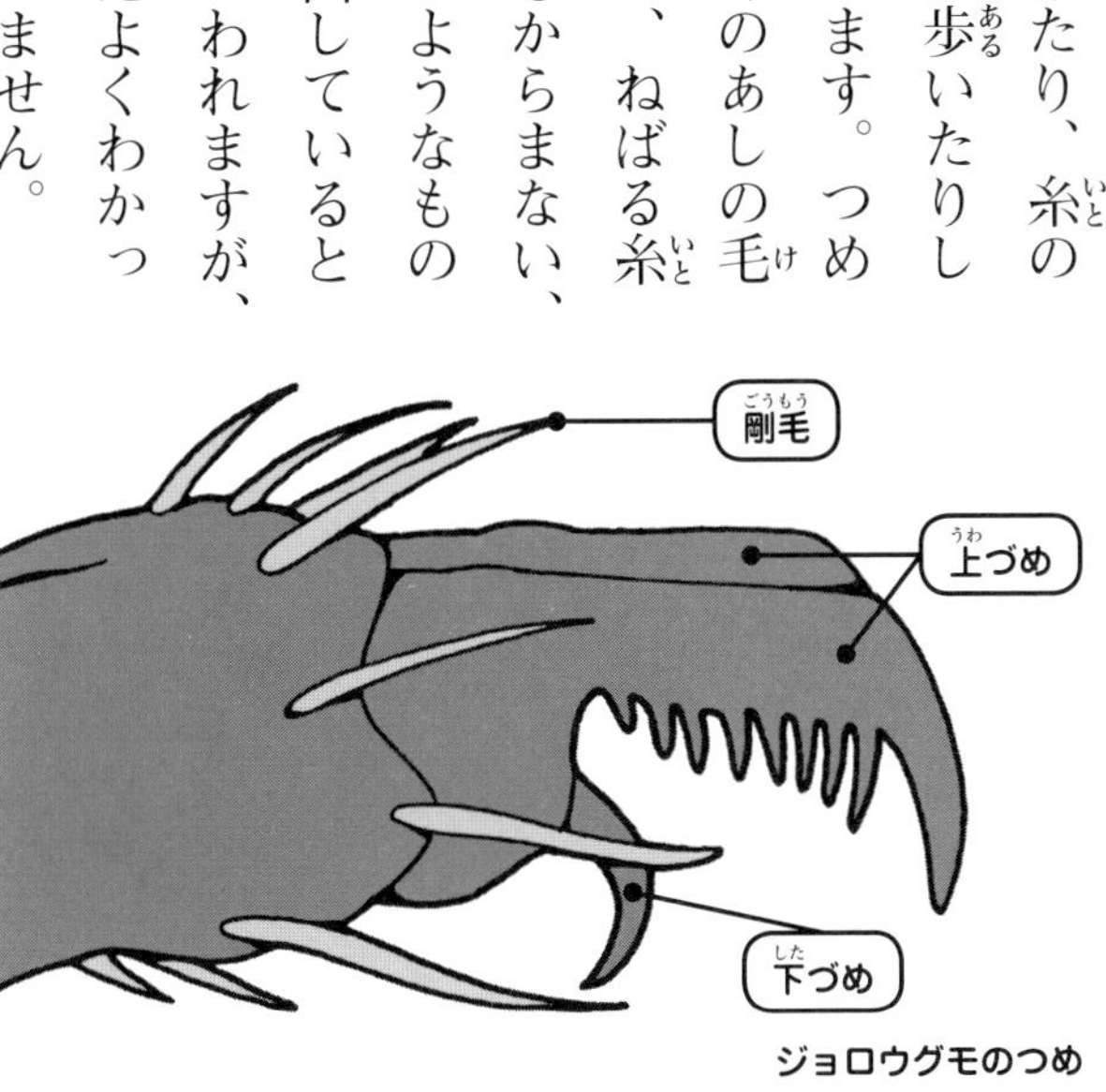
剛毛
上づめ
下づめ

ジョロウグモのつめ

すごーく変わった食事のしかただなぁ。

クモは巣の中心でえものがかかるのを待っています。えものが巣にかかると、クモは糸に伝わる振動でそのことを知ります。

えものに近づいたクモはえものに糸を巻きつけたり、かんで毒液を注入したりして動けないようにし、きばで消化液を注入します。すると、えものの体はどろどろになり、それをクモは口から吸い込みます。

第2話

だからまわりをよく見ろと言っただろ？
えっ。

だから！まわりを…。
ミ〜ン ミンミン
カラカラ
えっ？聞こえないよー！
ツクツクホーシ

クイズ

セミはどうして大きな音で鳴くの？

ア 土の中で静かにしていた時間が長くて、たいくつだったから。

イ 鳴き続けていないと、すぐ死んでしまうから。

ウ メスを呼び寄せるため。

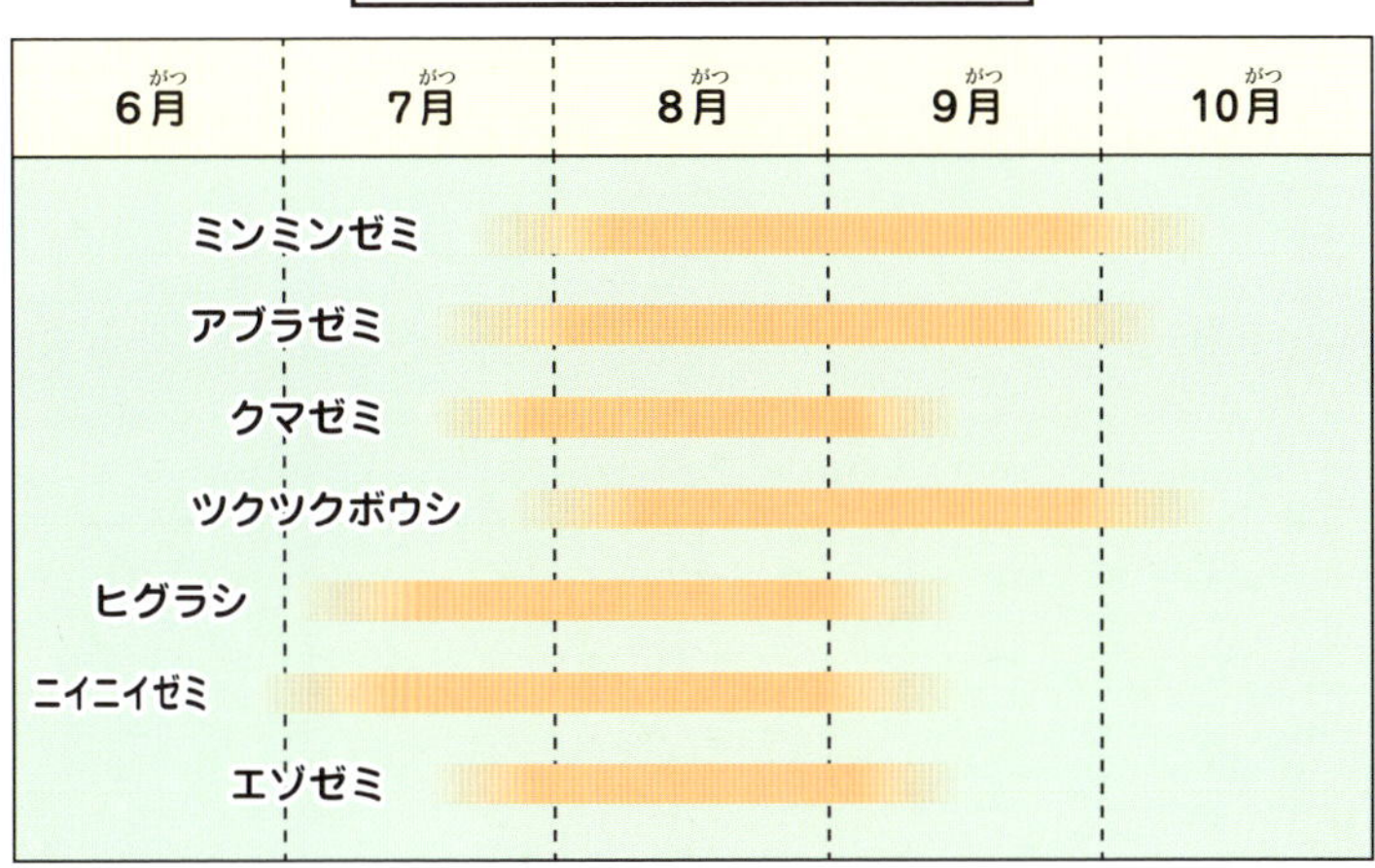
セミの成虫が活動する時期
6月
7月
8月
9月
10月
ミンミンゼミ
アブラゼミ
クマゼミ
ツクツクボウシ
ヒグラシ
ニイニイゼミ
エゾゼミ

夏のあいだずっとセミがいるね！

夏休みのころになるとセミが鳴くよね。お昼ねができないくらいうるさいよ！

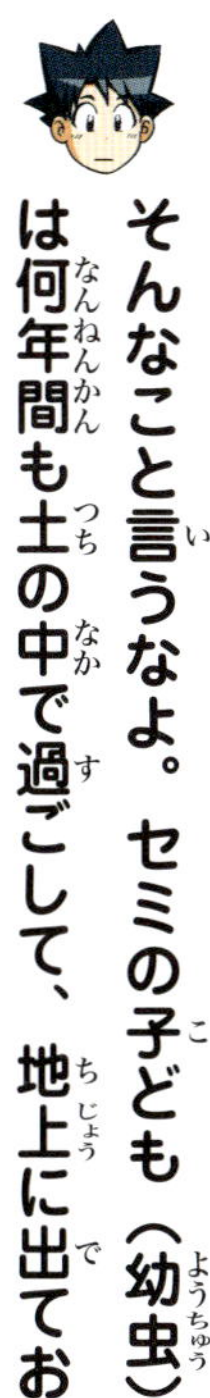

そんなこと言うなよ。セミの子ども（幼虫）は何年間も土の中で過ごして、地上に出ておとな（成虫）になったら、たった7日間で死んじゃうんだ。鳴かせてあげようよ。

その「セミが成虫で生きるのは7日間」ってはなし、よく聞くけれど、じつはもっと長いんだ。本当の寿命は3週間ぐらいだよ。

そうなの？　だから夏休みじゅう、鳴いているんだ。

種類や場所によってもちがうけれど、ある程度気温が高くなると、よく鳴くよ。

答えは次のページ！

答え

ウ メスを呼び寄せるため。

【解説】

鳴くのはオスのセミだけです。なぜ鳴くのかというと、成虫として生きる3週間ぐらいの間に、メスと出会い、子孫を残さなければならないからです。この役割のためにオスは大声で鳴き、メスに居場所を知らせます。

オスのセミが鳴くと、メスだけでなくオスも来ます。そのほうが早くメスが見つかりやすいだけでなく、集団でいると、鳥などの敵におそわれにくいからです。

アブラゼミの場合……

ジジジ〜〜イ
ミミミ
ジジジジ〜
いい声……。
ステキな声
ジィ〜
ジィ〜
こんにちは！
ちょん
オスがメスにタッチすれば……
カップル成立！

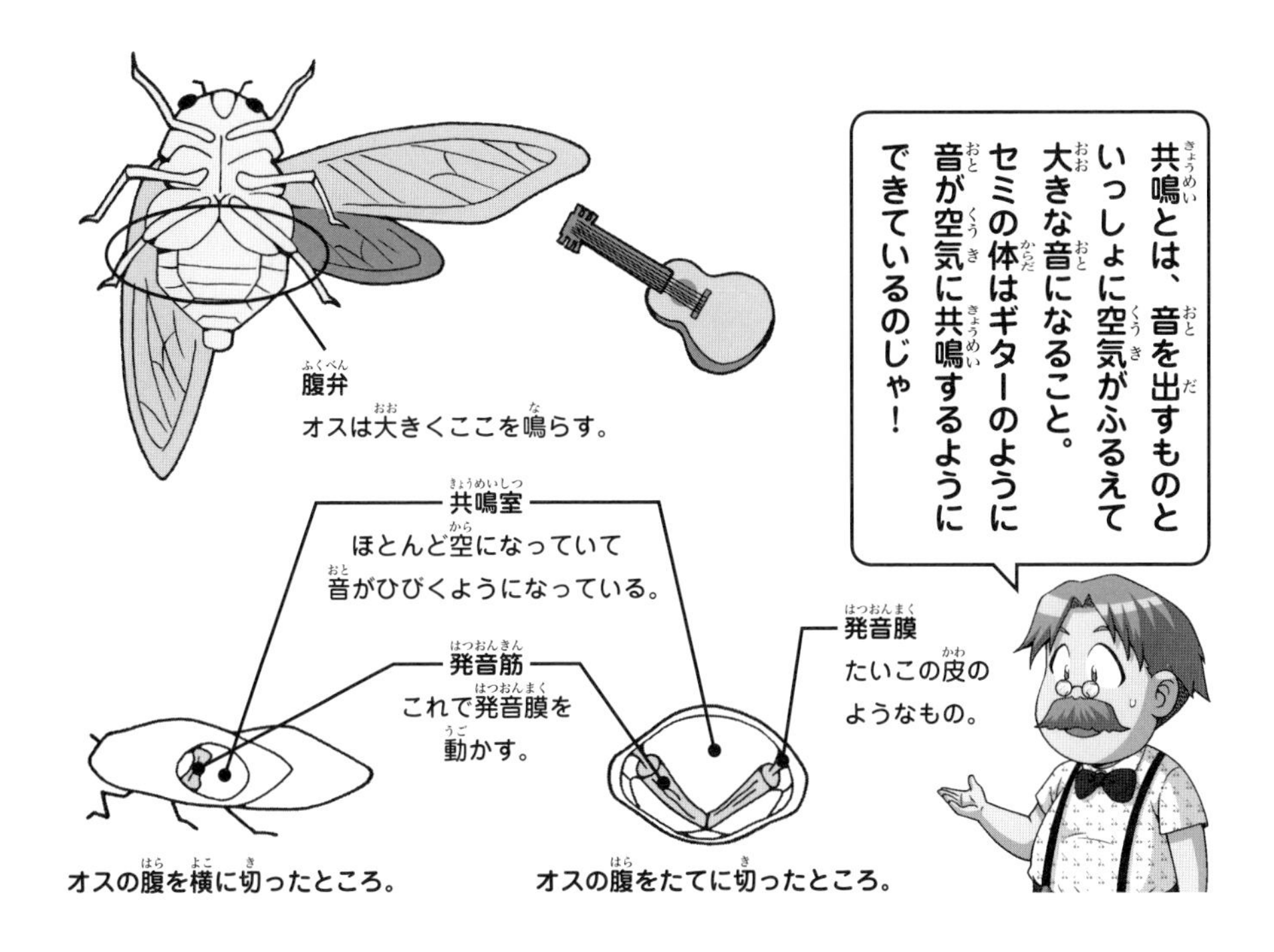
共鳴とは、音を出すものといっしょに空気がふるえて大きな音になること。
セミの体はギターのように音が空気に共鳴するようにできているのじゃ！
腹弁
オスは大きくここを鳴らす。
共鳴室
ほとんど空になっていて音がひびくようになっている。
発音筋
これで発音膜を動かす。
発音膜
たいこの皮のようなもの。
オスの腹を横に切ったところ。
オスの腹をたてに切ったところ。

セミは鳴く時、胸と腹のあいだにある筋肉（発音筋）を、すばやくのばしたり縮ませたりします。すると、筋肉に結びついた膜（発音膜）がふるえて、音が出ます。

膜がふるえるだけでは、まだ音は小さいままです。しかし、セミの体の中には、空っぽの箱のような部分（共鳴室）があります。膜のふるえによって生まれた音が、共鳴室の中の空気もいっしょにふるわせると、音が何十倍にもなります。こうして、セミの鳴き声はとても大きくなるのです。

ようし！夏になったらセミを観察するぞ！

第3話

探してたんだぞ！
ケイ！迷って大変だったよ。

ところでピピは…？

ケイちゃん！会えてよかった～♪
イモムシ！

クイズ

イモムシのあしはどうしてたくさんあるの？

ア たくさんあしがあったほうが、葉っぱや枝につかまりやすいため。

イ けがや病気であしが少し取れてしまっても歩けるから。

ウ 食べたものの栄養をためておくため。

昆虫なのになぜ6本以上あしがあるのか？
キアゲハの幼虫のイモムシで～す。
さなぎになった後…
成虫のキアゲハになりました♡元イモムシとは思えないでしょう？
あしは6本よりたくさん。
あしは6本！

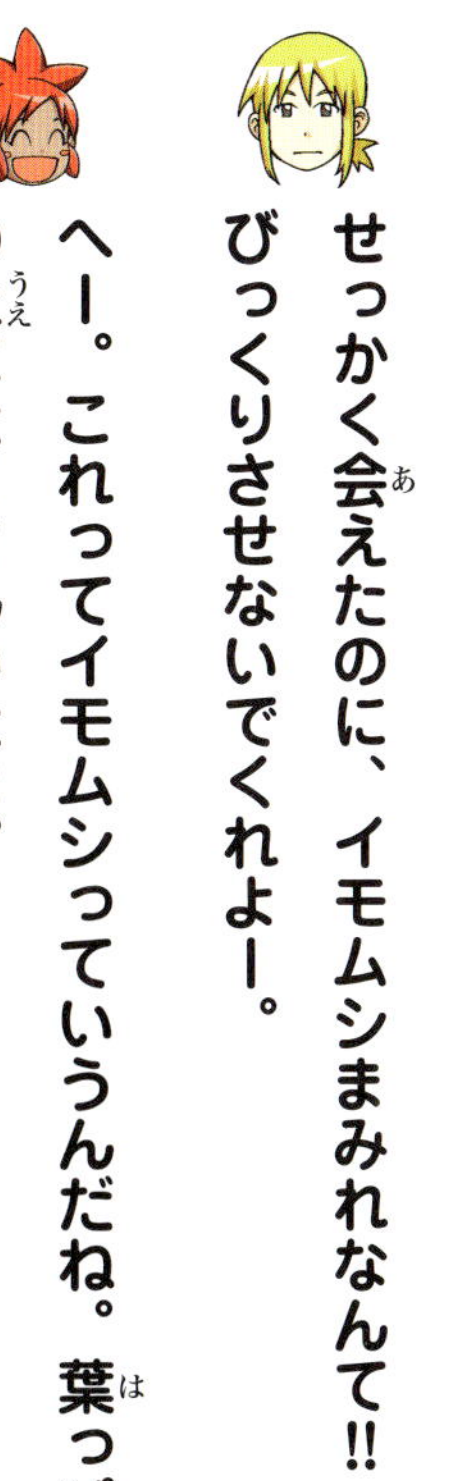

せっかく会えたのに、イモムシまみれなんて!!びっくりさせないでくれよー。

へー。これってイモムシっていうんだね。葉っぱの上にたくさんいたよ。

イモムシはチョウやガの子ども（幼虫）だよ。

これがチョウになるの？　でもさ、チョウってたしか、昆虫だよね。

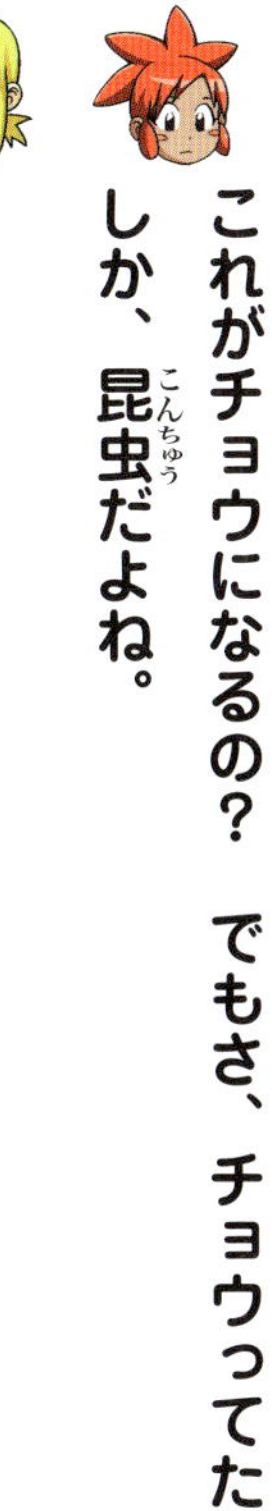

そうだよ。

だったら、なぜあしが6本よりたくさんあるの？

うーん、なんでだろう？

あとさ、形とかもチョウとちがうよね？

そういわれると、イモムシって不思議だね……。

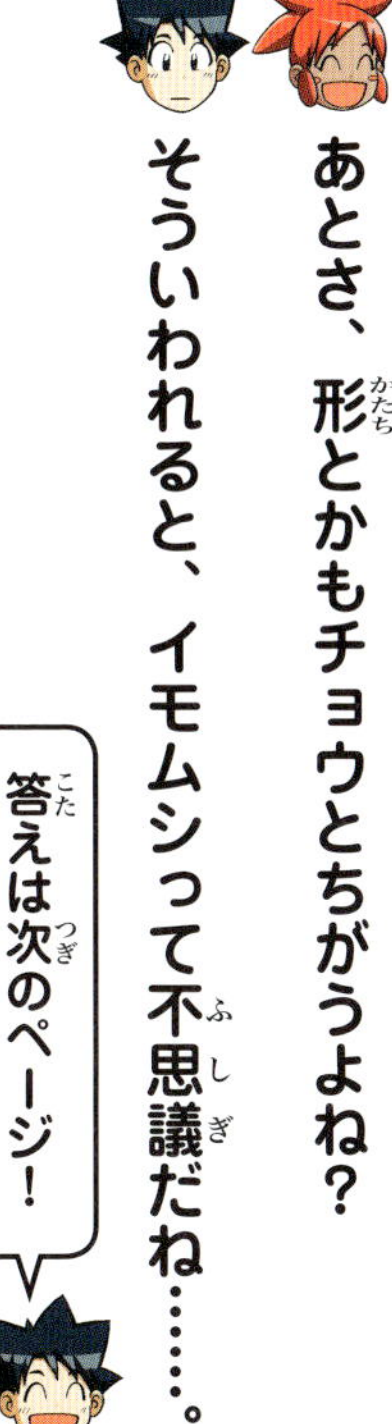
答えは次のページ！

答え

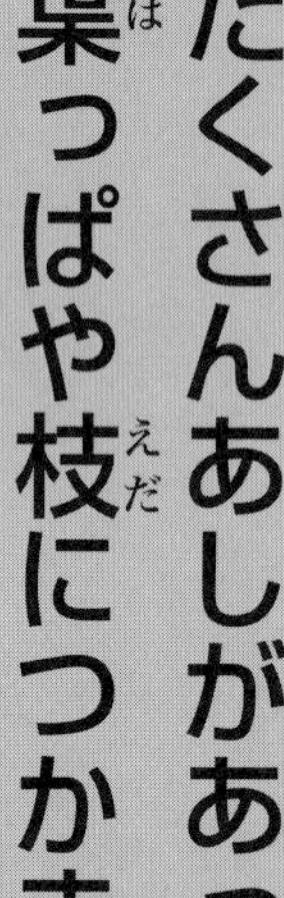
ア

たくさんあしがあったほうが、葉っぱや枝につかまりやすいため。

イモムシの胸についている6本のあし（胸脚）は成虫になっても残るよ。幼虫の時にだけある腹や尾のあしは、葉や枝につかまりやすいように吸盤のようになっているんだ。

チョウ・ガの幼虫

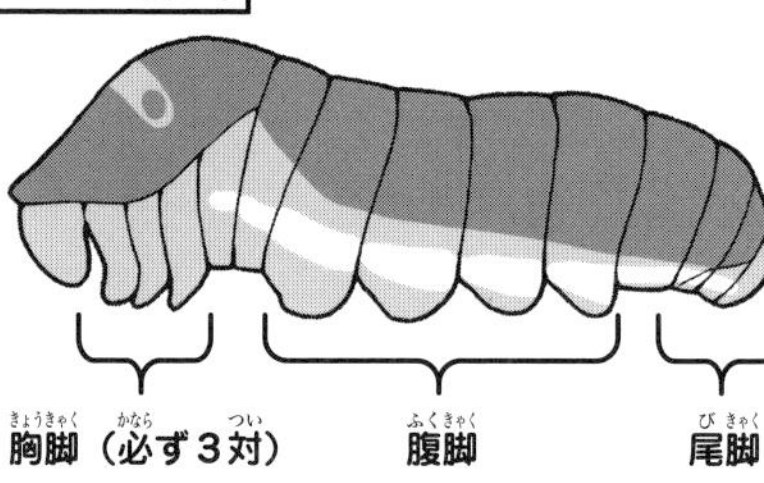
胸脚（必ず３対）
腹脚
尾脚

【解説】

チョウやガのように、昆虫が幼虫と成虫で形を変えることを「変態」といいます。幼虫と成虫の形がちがうのは、食べ物を変えることと関係があります。

たとえばアゲハチョウは、イモムシ（幼虫）のあいだは植物の葉を食べますが、成虫になると花のミツを吸います。このように、変態をする昆虫は、幼虫と成虫で食べ物や生活の場所を変えて、食べ物を食べつくさないようにしています。こうして昆虫は、きびしい自然の中で生

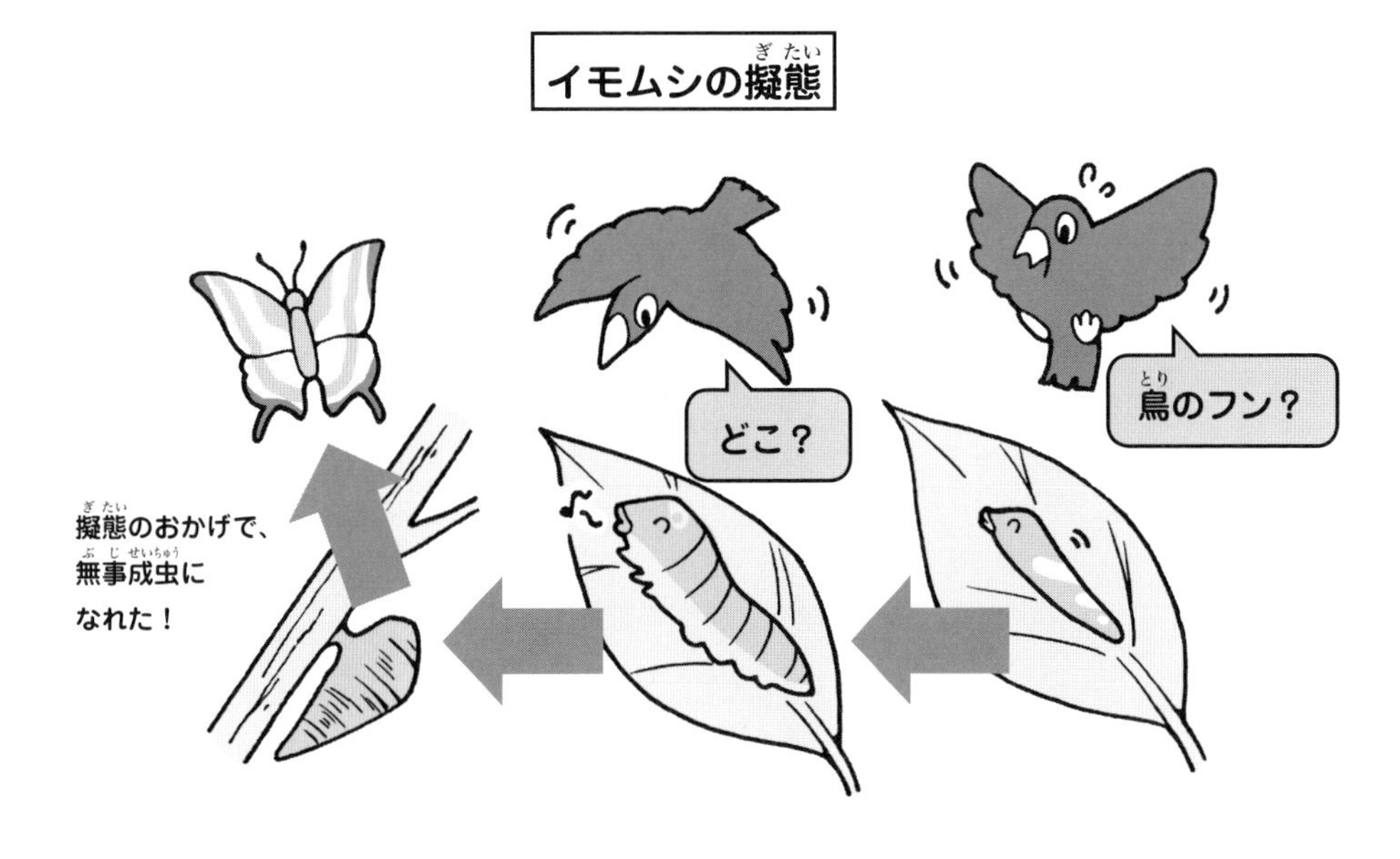
イモムシの擬態
鳥のフン？
どこ？
擬態のおかげで、無事成虫になれた！

き残るためのくふうをしています。
変態のほかにも、昆虫には生き残るためのくふうがあります。そのひとつに「擬態」があります。擬態とは、生き物が自分ではないものに色や形、もよう、動きなどを似せることで、自分の身を守ったり、えものをおそったりすることです。たとえばアゲハチョウの幼虫やさなぎは、鳥のフンや、葉や枝などに自分の色や形を似せて身を守り、鳥などの敵から食べられないようにくふうしているのです。

幼虫と成虫のあいだにある「さなぎ」のことは、第4話でわかるらしいよ。

第4話

イモムシは
さなぎに
なってから
チョウに
なるんだね。
今度は
さなぎが
たくさん♪
だから!!
やめて
くれーっ！

クイズ

チョウのさなぎの中はどうなっているの？

ア　幼虫が卵を産んでいる。

イ　成虫になったあと、もどってこられる「おうち」をつくっている。

ウ　どろどろにとけて、成虫の体につくりかえられている。

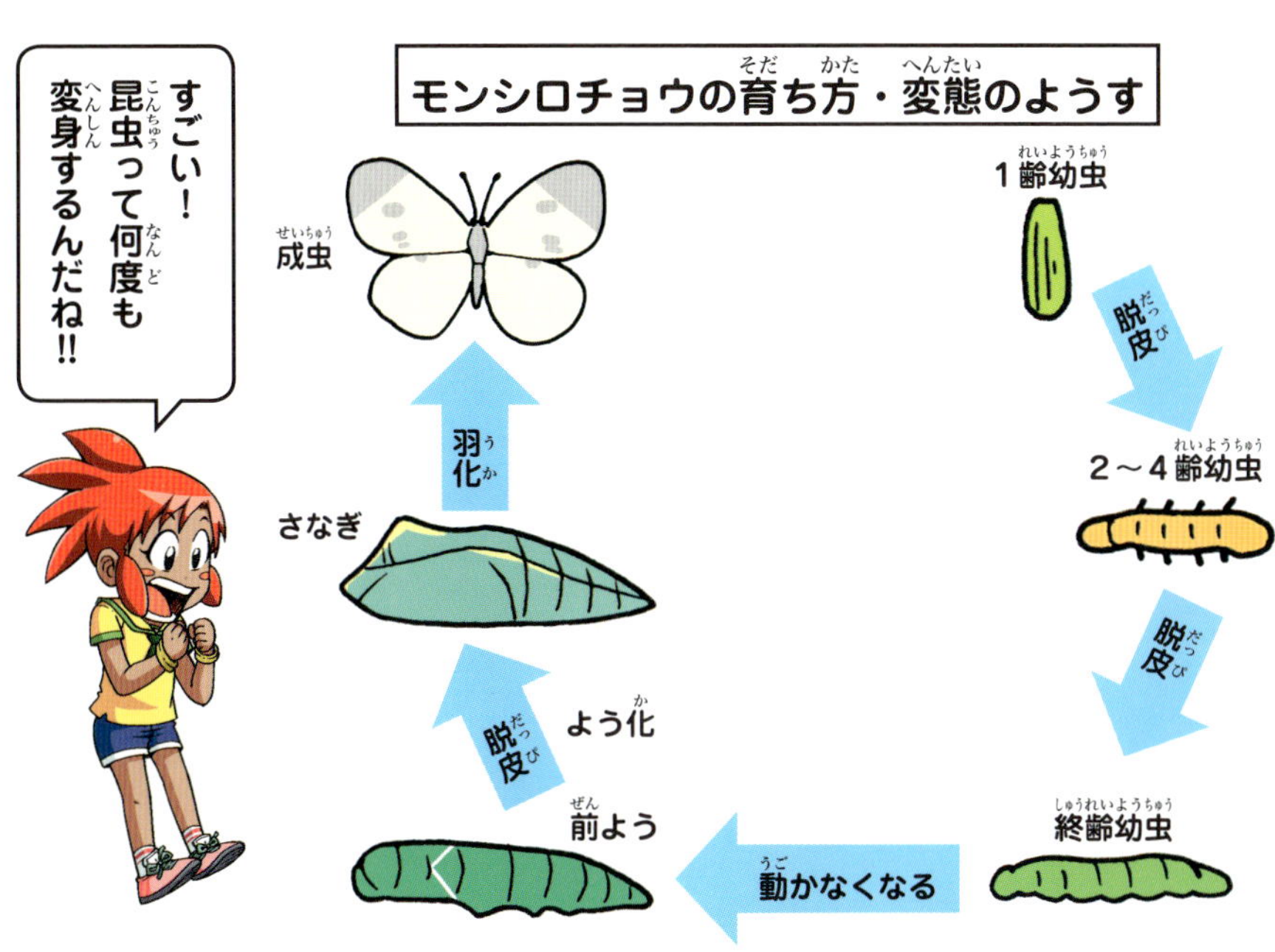
モンシロチョウの育ち方・変態のようす
すごい！
昆虫って何度も
変身するんだね!!
1齢幼虫
脱皮
2～4齢幼虫
脱皮
終齢幼虫
動かなくなる
前よう
脱皮
よう化
さなぎ
羽化
成虫

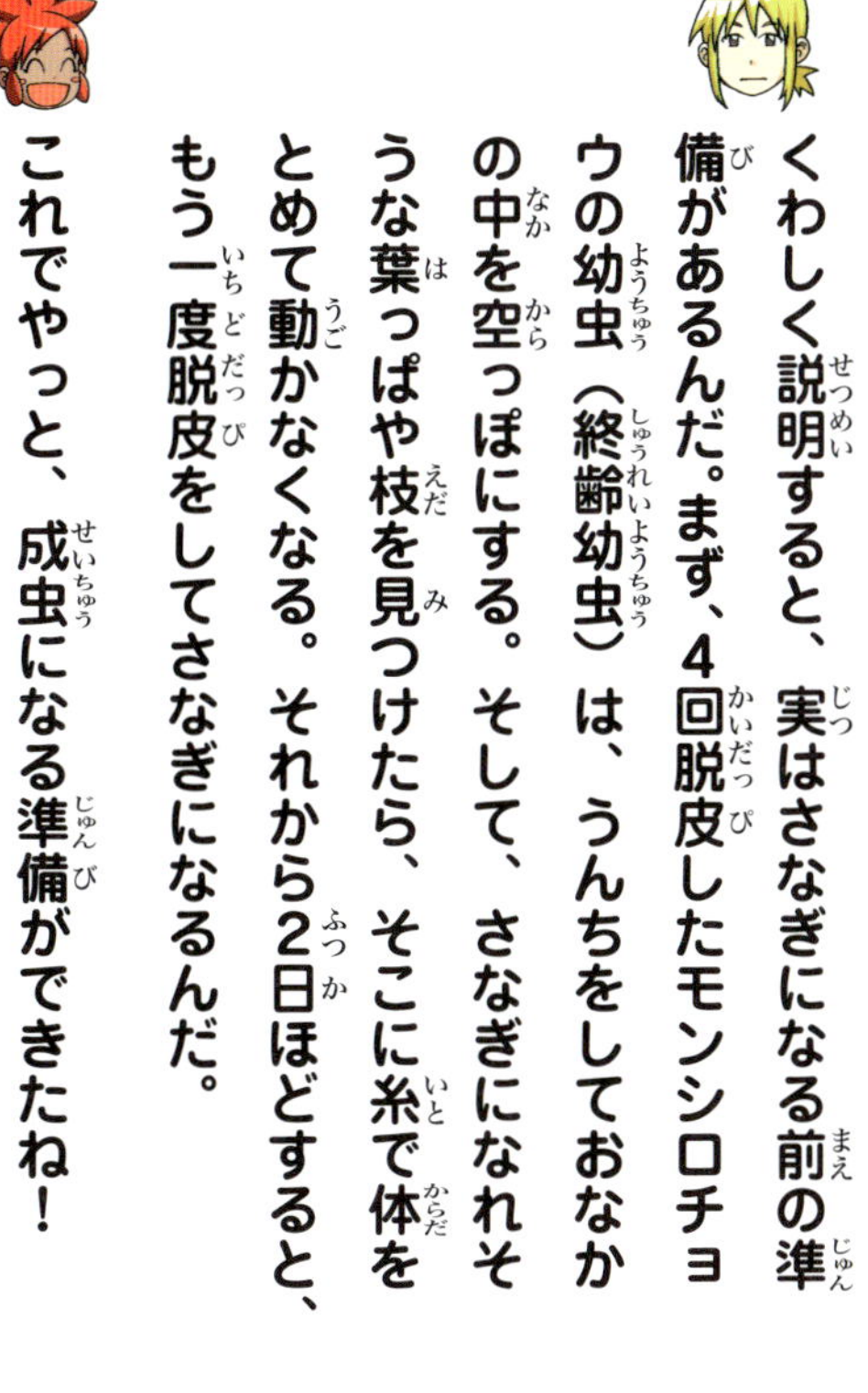

卵からかえった幼虫は、何回か脱皮をくり返して大きくなるよ。脱皮する回数は昆虫によってちがっていて、モンシロチョウなら4回だ。

で、そのあと「さなぎ」になるんだね。

くわしく説明すると、実はさなぎになる前の準備があるんだ。まず、4回脱皮したモンシロチョウの幼虫（終齢幼虫）は、うんちをしておなかの中を空っぽにする。そして、さなぎになれそうな葉っぱや枝を見つけたら、そこに糸で体をとめて動かなくなる。それから2日ほどすると、もう一度脱皮をしてさなぎになるんだ。

これでやっと、成虫になる準備ができたね！

答えは次のページ！

答え

ウ　どろどろにとけて、成虫の体につくりかえられている。

【解説】

さなぎになった昆虫は、じっと動かず、眠っているように見えます。しかし、中では大きな変化が起きています。

さなぎの初めのころはどろどろにとけています。それは幼虫の体から成虫の体に、細ぼうなどがつくりかえられているからです。やがて成虫の細ぼうが増えて、はねや目などが形になります。チョウの場合、2週間ほどで成虫の体ができあがります。

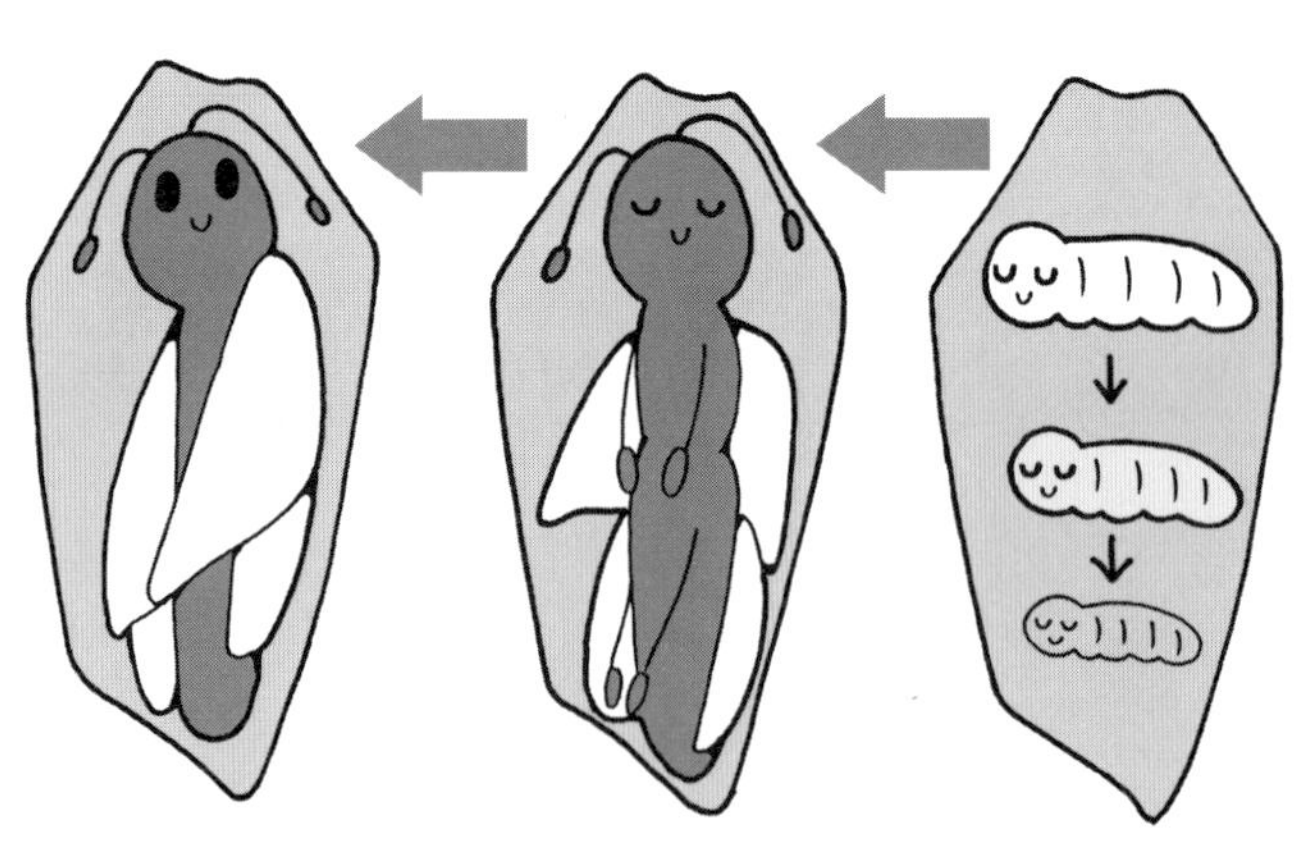

① 幼虫の体をつくっていた細ぼうが変わり、どろどろになる。

② 幼虫にはなかったはねや、はねを動かすための筋肉などができる。

③ 成虫の体ができあがる。まもなく羽化（成虫になること）する。

完全変態（チョウ、ガ、カブトムシ、ハチ、ハエなど）

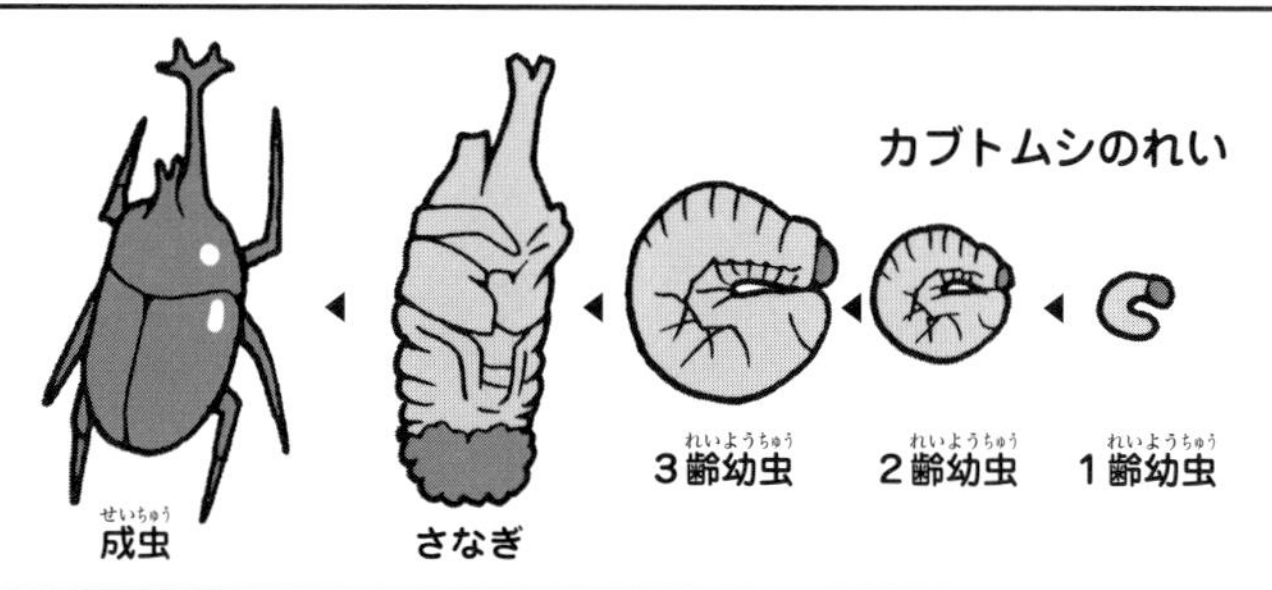

カブトムシのれい
成虫
さなぎ
3齢幼虫
2齢幼虫
1齢幼虫

不完全変態（トンボ、バッタ、ゴキブリ、セミなど）

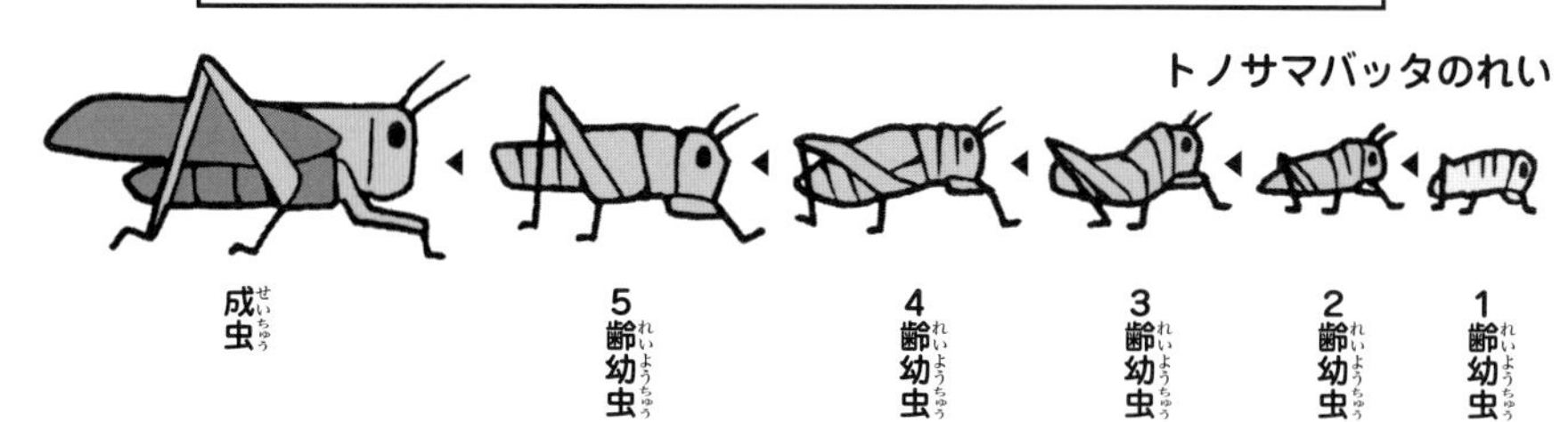

トノサマバッタのれい
成虫
5齢幼虫
4齢幼虫
3齢幼虫
2齢幼虫
1齢幼虫

変態には2つのタイプがあります。さなぎになるものを「完全変態」、さなぎにはならず、成虫になるとはねがはえるものを「不完全変態」といいます。完全変態する昆虫のほうが進化した種類だと考えられています。

土の中にいるトビムシや、本につくシミなどのように変態しない昆虫もいます。このような昆虫は、卵からかえった幼虫の時から、成虫とほとんど同じ姿をしています。はねははえず、脱皮をくり返して大きくなります。

昆虫って、本当におもしろいなー！

第5話

おなかすいたよー。

あれ!?

わーい！ジャガイモ大量ゲット♡

クイズ

ジャガイモは植物のどの部分？

ア　土の中で育った葉の部分。

イ　栄養をためて大きくなった、くきの部分。

ウ　栄養をためて太くなった、根の部分。

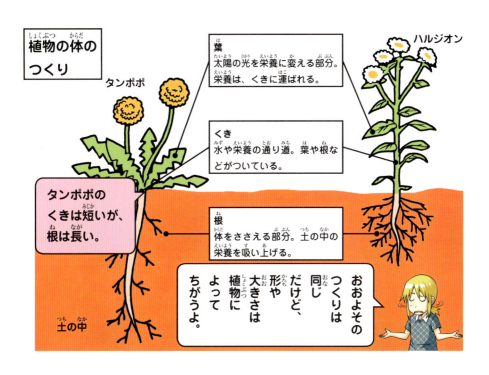

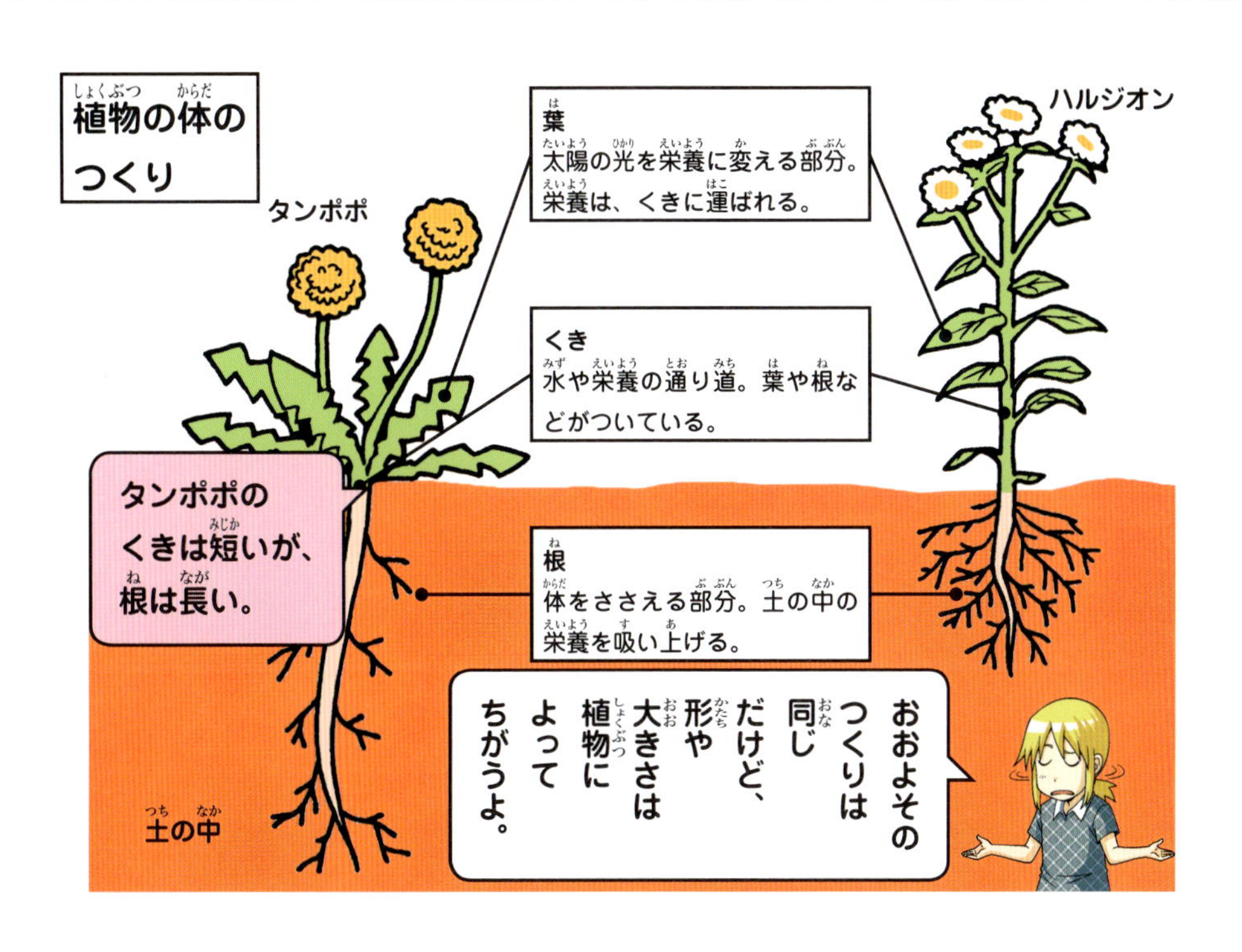
植物の体のつくり
タンポポ
ハルジオン
葉
太陽の光を栄養に変える部分。栄養は、くきに運ばれる。
くき
水や栄養の通り道。葉や根などがついている。
タンポポのくきは短いが、根は長い。
根
体をささえる部分。土の中の栄養を吸い上げる。
おおよそのつくりは同じだけど、形や大きさは植物によってちがうよ。
土の中

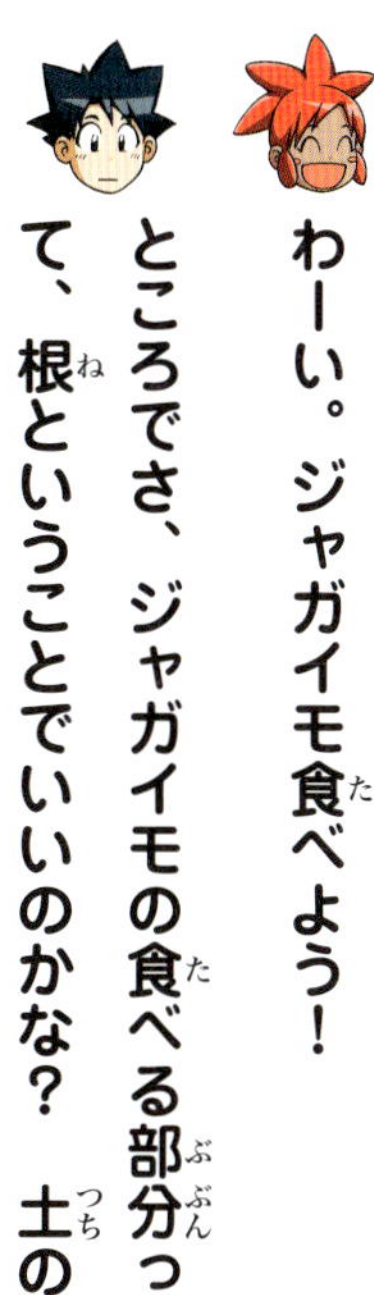

わーい。ジャガイモ食べよう！

ところでさ、ジャガイモの食べる部分って、根ということでいいのかな？　土の中にあるし……。

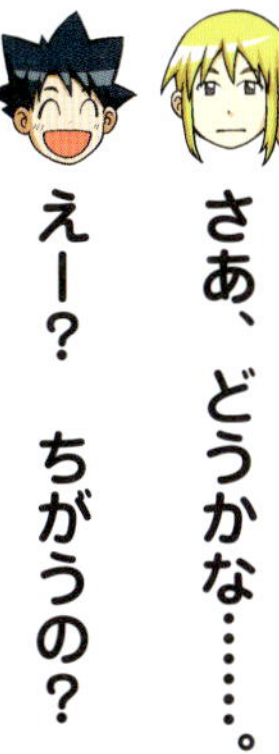

さあ、どうかな……。

えー？　ちがうの？

植物の体は、葉、くき、根からできているのはたしかだけど、ジャガイモのあの部分が根とはかぎらないぞ。

じゃあどこなの？

答えは次のページ！

答え

イ

栄養をためて大きくなった、くきの部分。

【解説】

ジャガイモをほってみましょう。そうすると、太いくきの先に小さなジャガイモ（新イモ）がたくさんついてきます。これは地下のくき（地下茎）に栄養がたまってできた部分です。

同じイモの仲間でも、サツマイモは根が太くなってできた部分です。

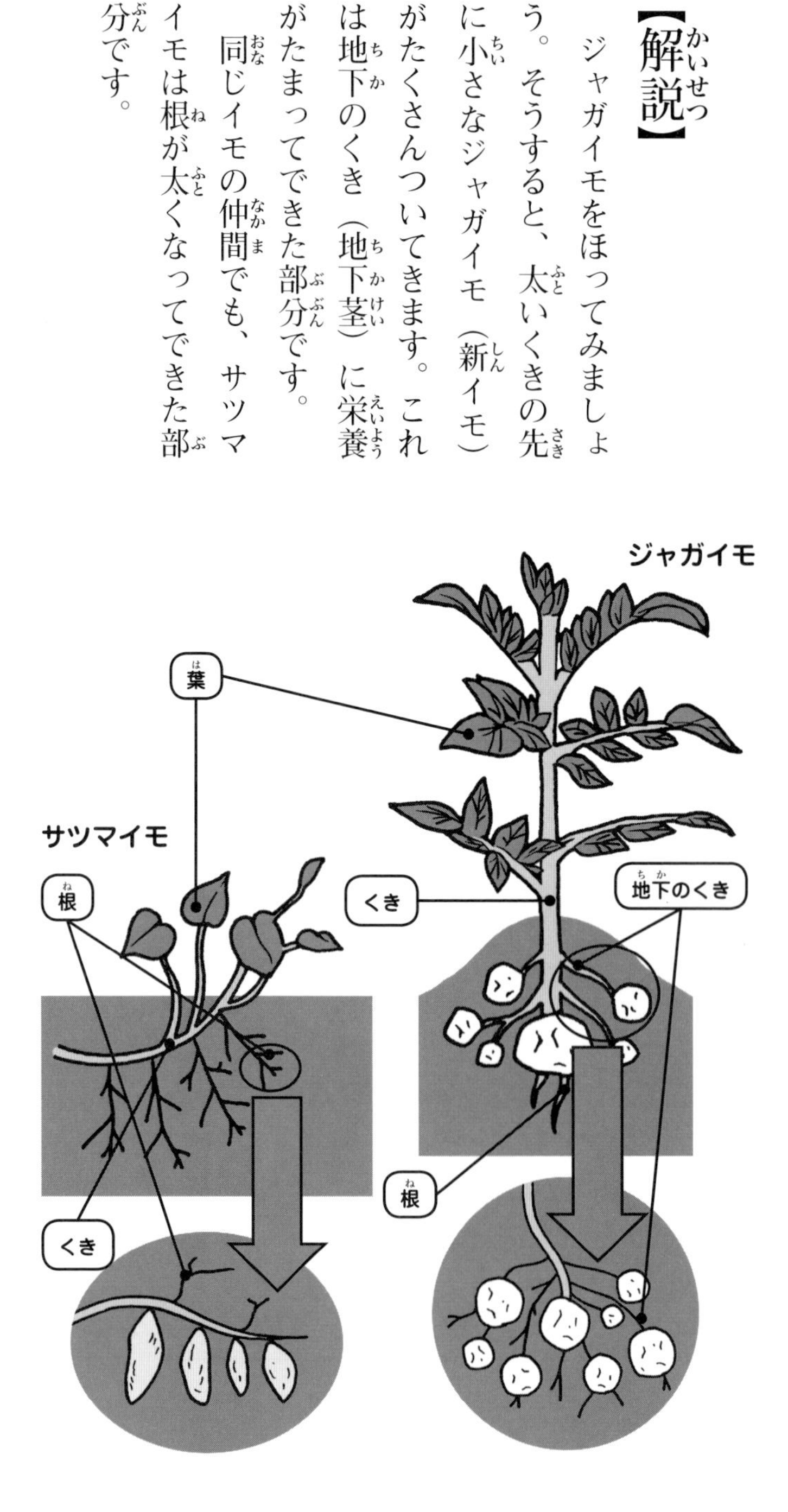
ジャガイモ
葉
サツマイモ
根
くき
地下のくき
根
くき

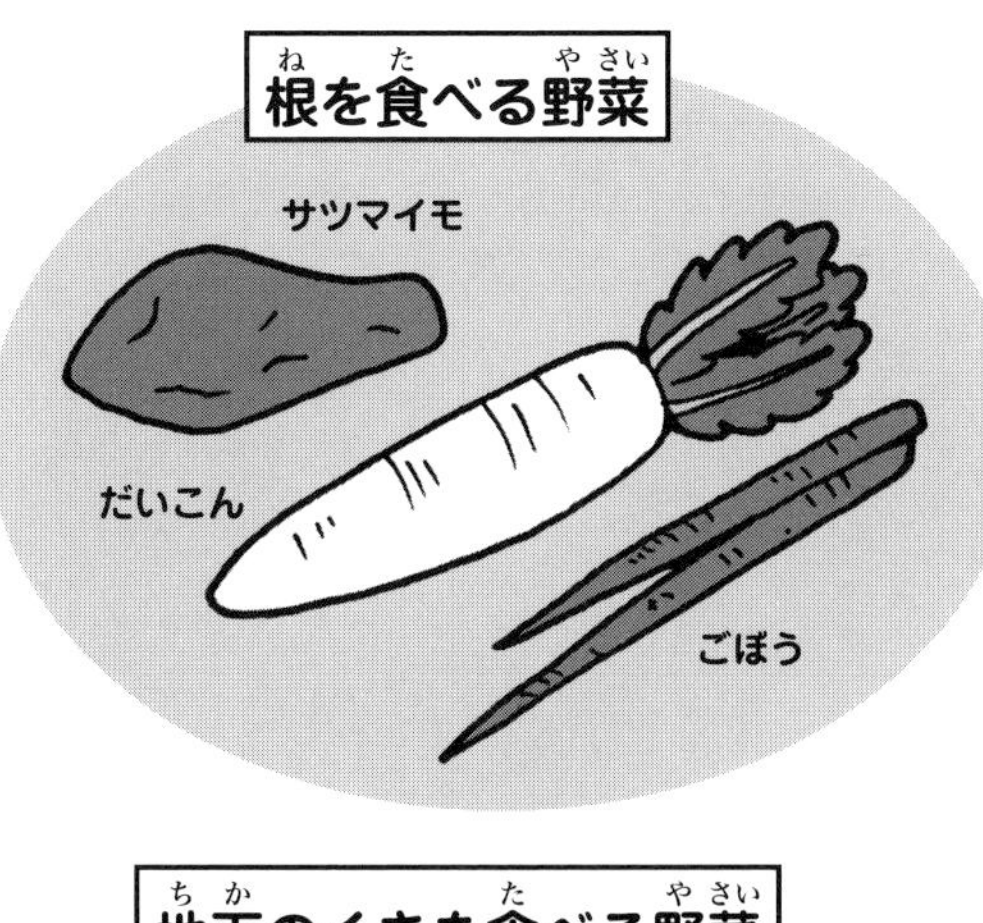
根を食べる野菜
サツマイモ
だいこん
ごぼう

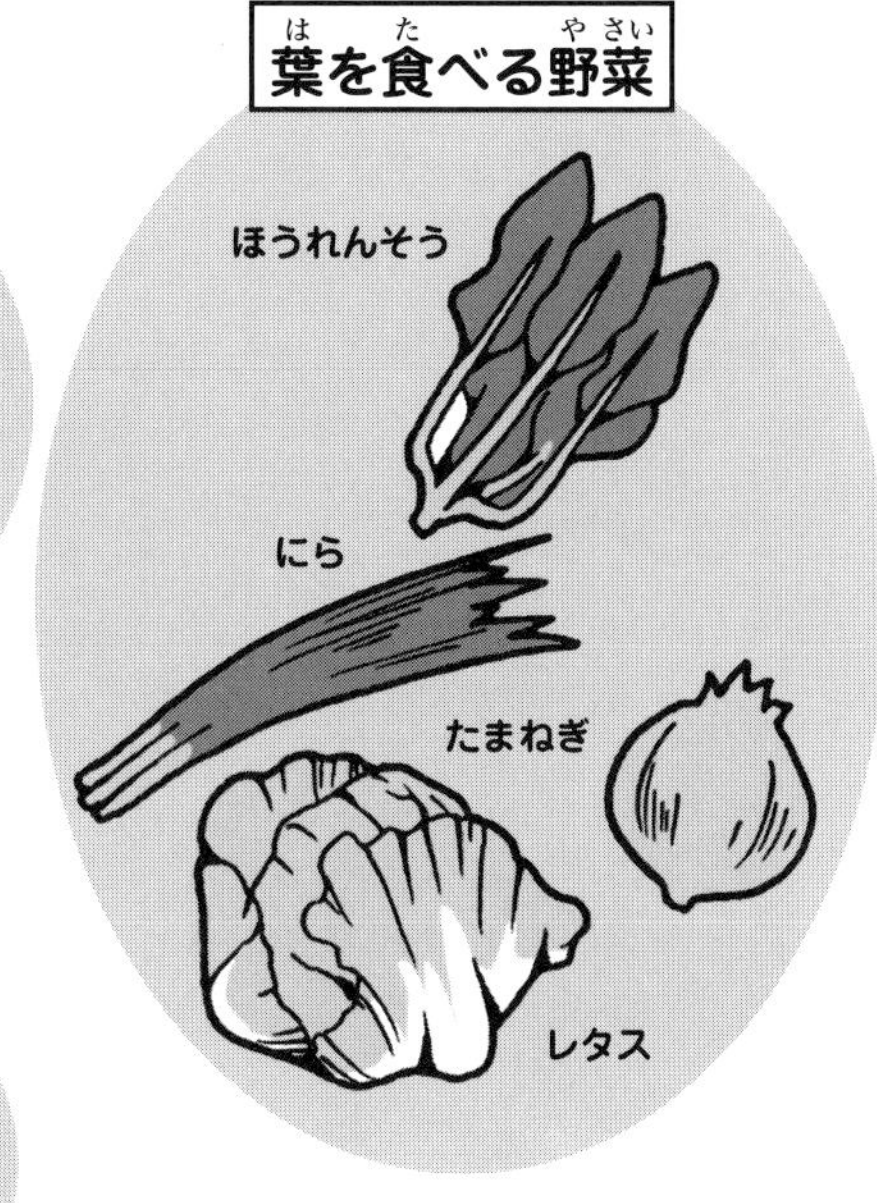
葉を食べる野菜
ほうれんそう
にら
たまねぎ
レタス

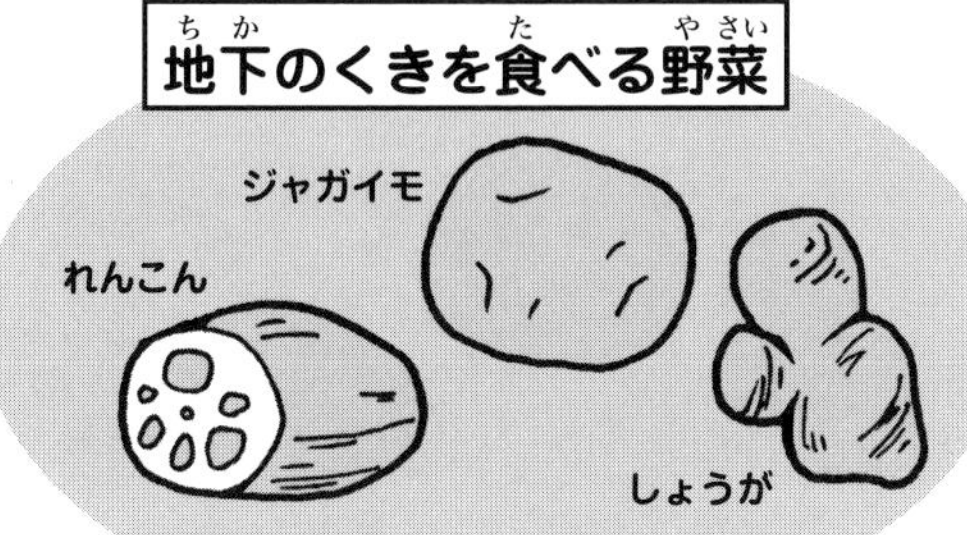
地下のくきを食べる野菜
ジャガイモ
れんこん
しょうが

わたしたちは、いろいろな植物を食べています。

葉、くき、根だけでなく、花（ブロッコリーなど）や実（トマトなど）の部分も食べています。いつも自分が食べているのが、どこの部分なのか調べてみるとおもしろいですよ。

葉、くき、根などなど、たくさん食べる部分があって、植物ってすごいね！

第6話

この水をわかしてイモをゆでよう。

魚が泳いでいる！釣って焼いて食べたい！

クイズ

魚はどうして水の中で生きられるの？

ア　えらで水の中の酸素を体に取り込んでいるから。

イ　うきぶくろにためた空気を吸っているから。

ウ　背中に小さな穴があり、息をする時、水の上に出しているから。

水の中の酸素は
空気の中にくらべると
たった30分の1ほど
しかふくまれて
いないんだ!

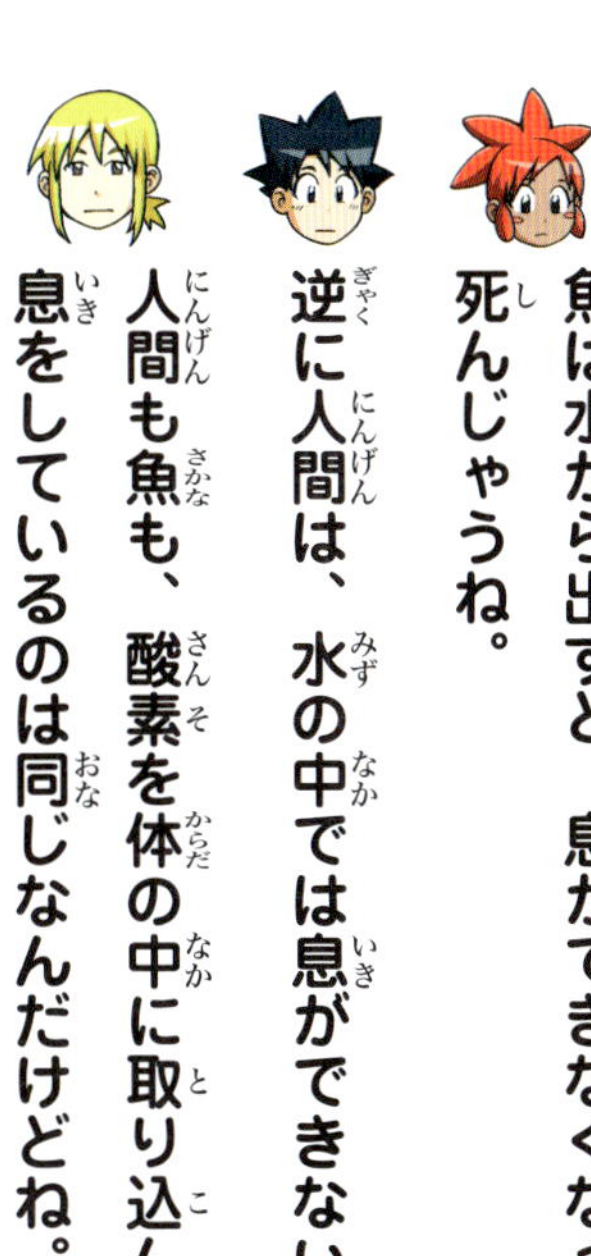

魚は水から出すと、息ができなくなって死んじゃうね。

逆に人間は、水の中では息ができないよ。

人間も魚も、酸素を体の中に取り込んで息をしているのは同じなんだけどね。

人間は空気の中にある酸素を吸っているんだよね。

そう。それで魚は水の中にある酸素を吸っている。ただ、水中の酸素は空気にくらべると、ほんのわずかしかふくまれていないんだ。だから、効率よく酸素を取り込むためのくふうが体にあるんだ。

答えは次のページ!

答え

ア　えらで水の中の酸素を体に取り込んでいるから。

【解説】

ヒトなどのほ乳類は空気を吸って、肺で酸素を取り込み、二酸化炭素を体の外に出しています。これを「呼吸」といいます。

いっぽう、水中にすむ魚は、水中にとけている酸素をえらから取り込んで、二酸化炭素と水を外に出して呼吸をしています。えらにはたくさんのひだがあり、できるだけ多くの酸素を取り込めるようなつくりになっています。

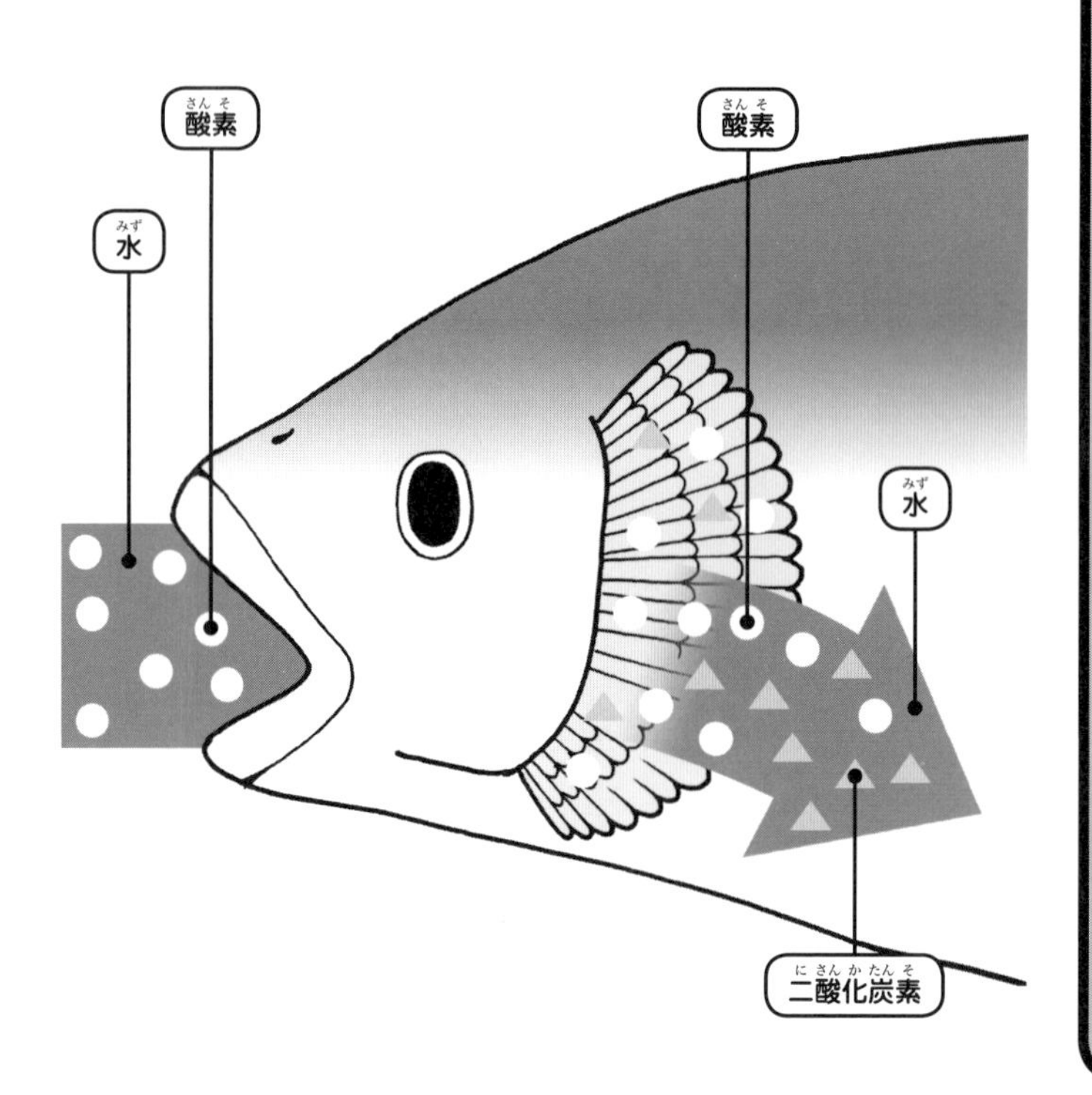
酸素
水
酸素
水
二酸化炭素

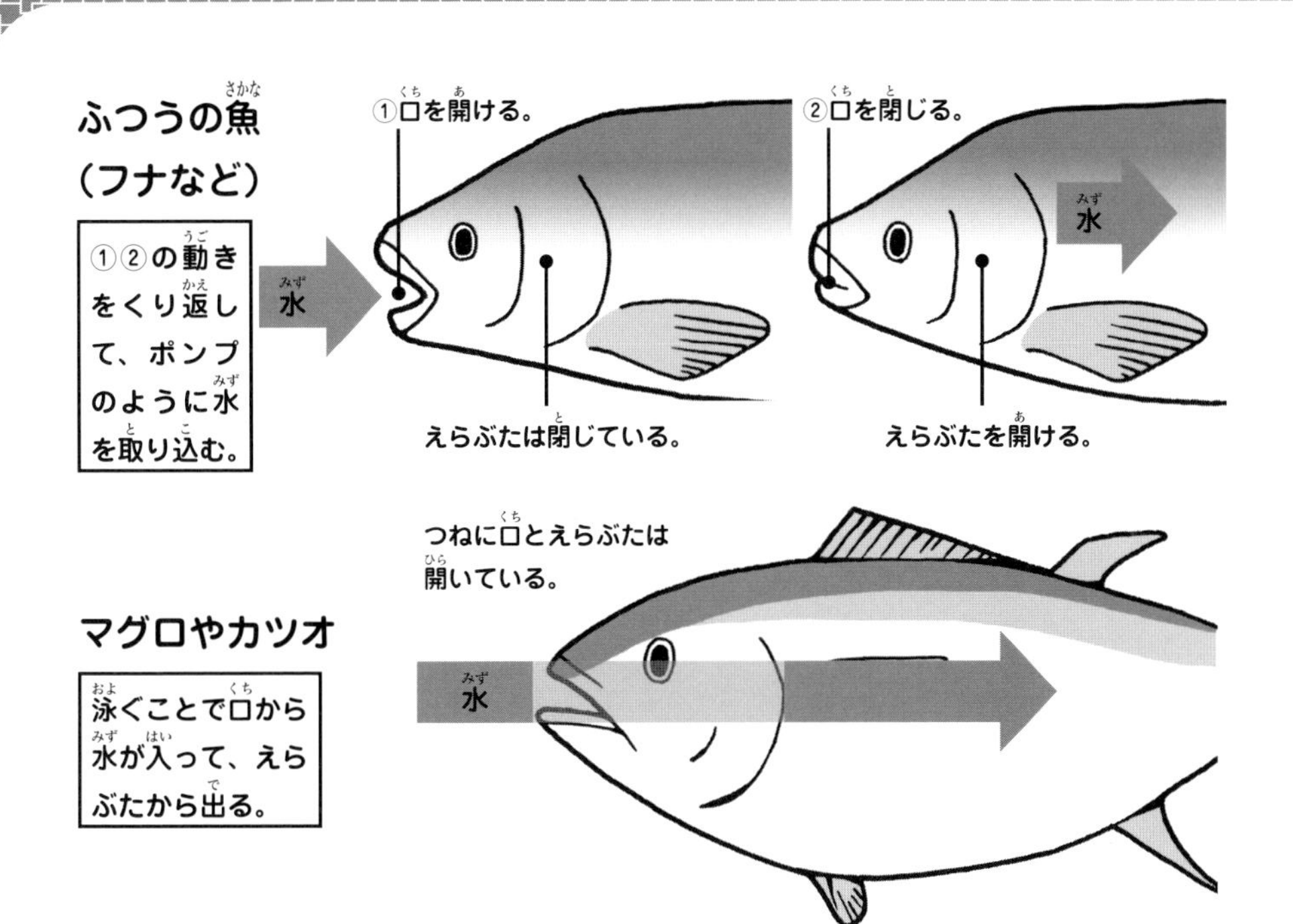
ふつうの魚（フナなど）
①②の動きをくり返して、ポンプのように水を取り込む。
水
①口を開ける。
えらぶたは閉じている。
②口を閉じる。
水
えらぶたを開ける。
マグロやカツオ
泳ぐことで口から水が入って、えらぶたから出る。
つねに口とえらぶたは開いている。
水

ふつうの魚は、口をパクパクと開いて水を吸い込み、同時にえらぶたを動かして、えらに水を送ります。しかし、マグロやカツオなどは、えらぶたを動かせません。そのため、口を少し開いて泳ぎ続け、水が流れ込んでくる力でえらぶたを開きます。このように、呼吸を続けるため、止まることをせず、ずっと泳いでいなければならない魚もいます。

えらは、水からあがるとペチャッとつぶれてしまうんだ。それで魚は、陸では呼吸がしづらくなるんだ。

第7話

関係ないけどさ……。なんでパンダはタケやササしか食べないのかな？
たしかに今は関係ないいな。

クイズ

パンダは本当にタケやササしか食べないの？

ア 本当。ほかのものを食べることはできない。

イ パンダの個体によって食べられるものが違う。

ウ パンダはもともとは肉食。昆虫なども食べる。

ところでパンダって何で白黒なの？

パンダの体が、なぜ白黒の2色かにはいろいろな説があるよ。そのひとつが、パンダが動く時間帯の、雪が積もった竹林では、白や黒の1色より、白黒2色のほうが発見されにくいからという説。

ほかには？

耳や手あしの先は冷えやすいので、太陽の熱を吸収しやすいように黒になったという説もあるよ。

あと、目の周りの黒は、子どもが親を見分けたり、相手がこちらを見ているか判断したりする目安になっているという説とか……。

パンダって不思議な動物～♪

見つからないよ！
パンダの体が白黒なのにもワケがある!?
ポカポカあったかいな♡

答えは次のページ！

ウ パンダはもともと肉食。昆虫なども食べる。

【解説】

パンダ（正式名称はジャイアントパンダ）は、ネコやライオンと同じ肉食動物のなかまです。しかし、パンダの祖先は、食べ物やすみか争いに負けて、山奥の竹林にすみつき、パンダは周りのタケやササを食べるようになりました。

タケやササは栄養が少なく消化も悪いですが、一年じゅう枯れず、ほかの動物が食べないのでひとりじめできるなど、都合のいい点がありました。

ジャイアントパンダ
食肉目クマ科
体長120〜150センチメートル
体重　75〜160キログラム
野生のパンダは昆虫やネズミの肉を食べることがあるぞ。
中国
日本

野生のパンダは中国の四川省や陝西省などの一部にすんでいる。

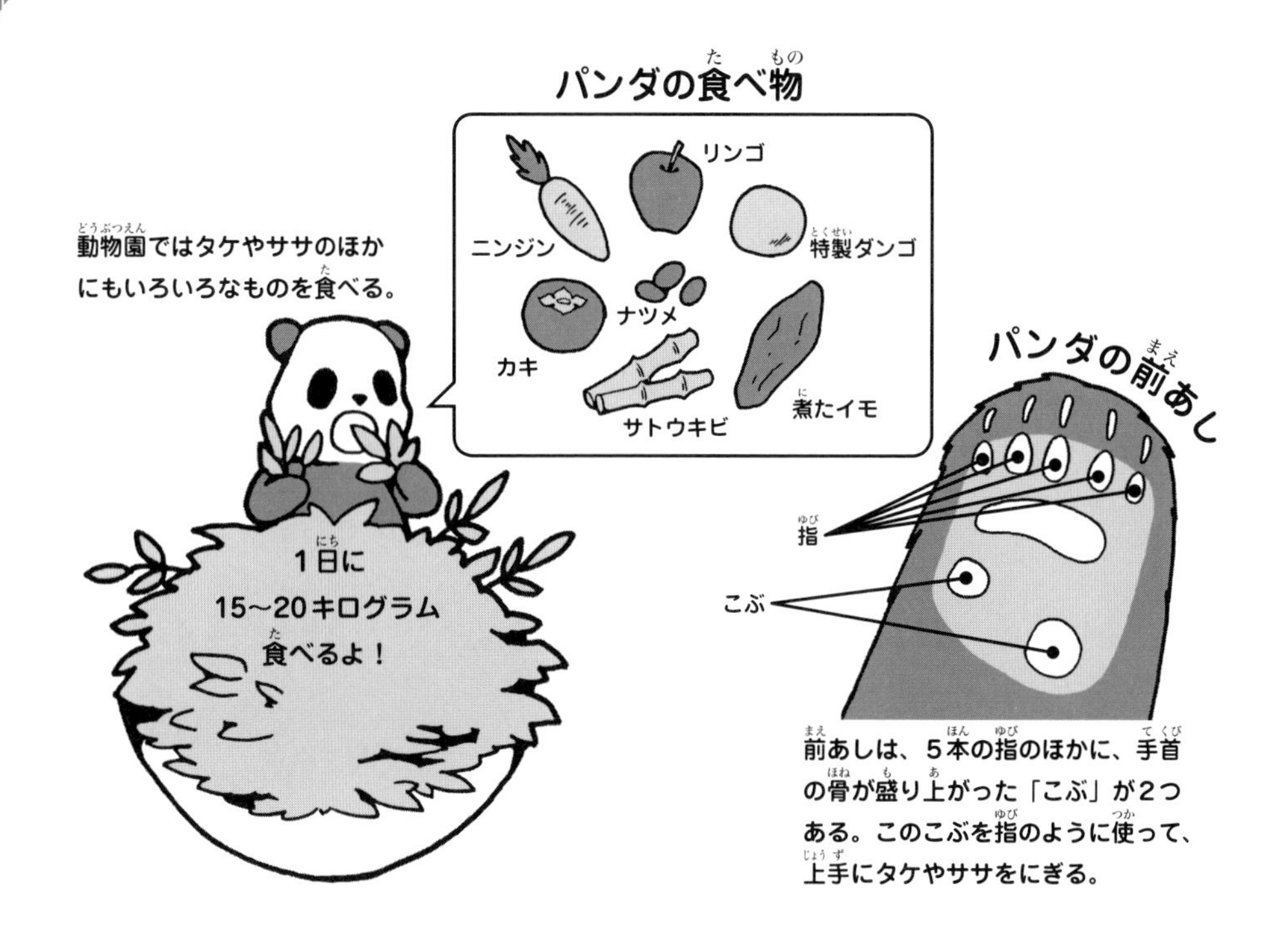
パンダの食べ物
リンゴ
ニンジン
特製ダンゴ
ナツメ
カキ
サトウキビ
煮たイモ
動物園ではタケやササのほかにもいろいろなものを食べる。
1日に
15～20キログラム
食べるよ！
パンダの前あし
指
こぶ
前あしは、5本の指のほかに、手首の骨が盛り上がった「こぶ」が2つある。このこぶを指のように使って、上手にタケやササをにぎる。

約1千年前のパンダの祖先は小型で肉食でしたが、時間をかけて、タケやササを主食とする雑食動物の体に変化しました。前あしにタケやササをにぎりやすくするこぶがあったり、腸の内側の壁からはねばり気の強い液体がにじみ出て、タケやササから腸を守り、傷つけないしくみになっていたりします。

ちなみに、パンダがいつも1頭でいるのは「群れない」という多くの肉食動物が持つ習性の名残と考えられています。

動物園の人気者は不思議でいっぱい！

第8話

わー!!
なんか刺され
たー!

これは
ノミだ!
すごい
ジャンプ力
だね!

クイズ

ノミはじぶんの体の何倍ジャンプできる?

ア　およそ10倍。

イ　およそ100倍。

ウ　およそ50倍。

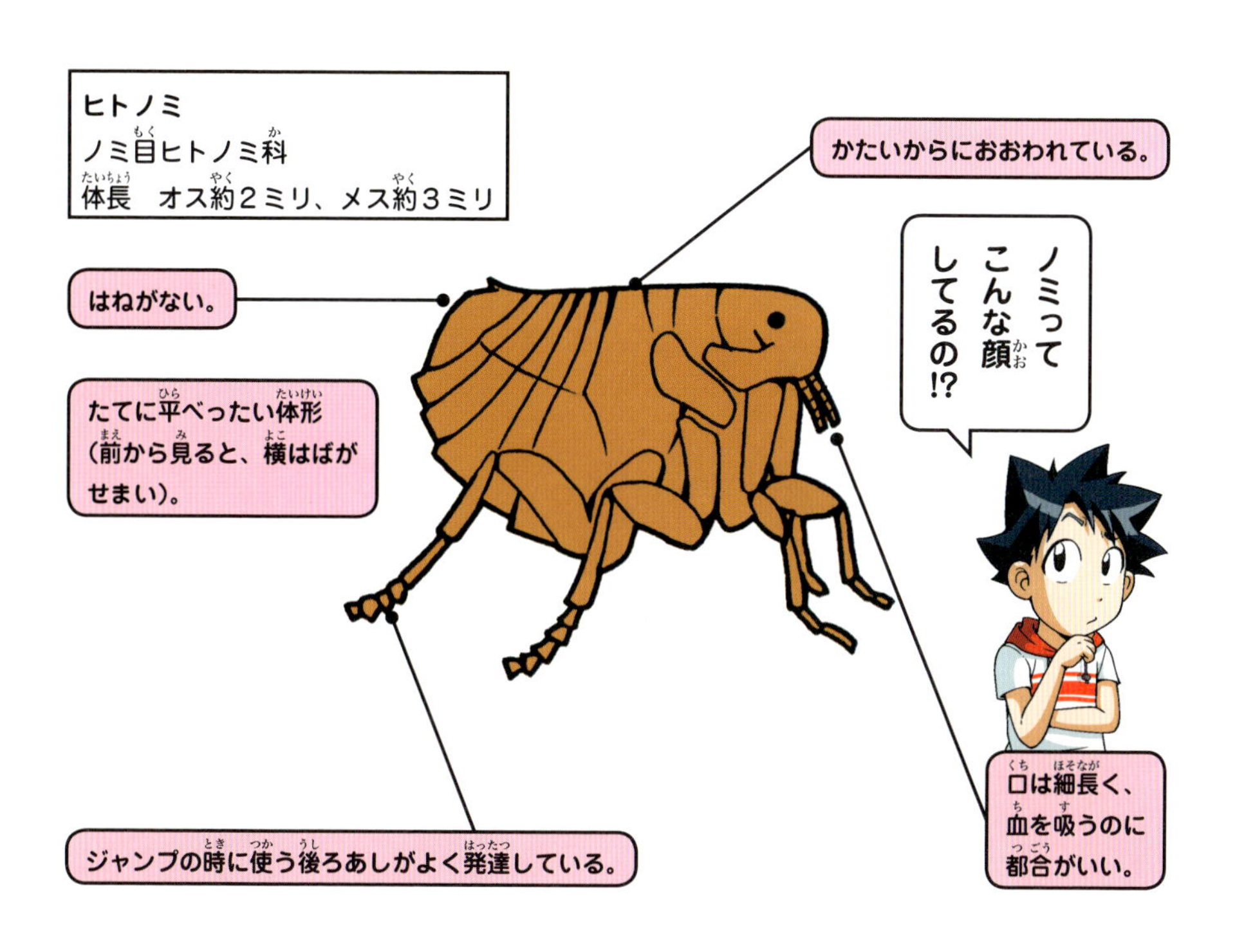
ヒトノミ
ノミ目ヒトノミ科
体長　オス約２ミリ、メス約３ミリ
かたいからにおおわれている。
ノミってこんな顔してるの!?
はねがない。
たてに平べったい体形（前から見ると、横はばがせまい）。
口は細長く、血を吸うのに都合がいい。
ジャンプの時に使う後ろあしがよく発達している。

かっゆーい！　ズボンに付いてた虫とは別に、体にノミがくっついていたよ。

もうちょっとで寄生されるところだったね。

寄生？

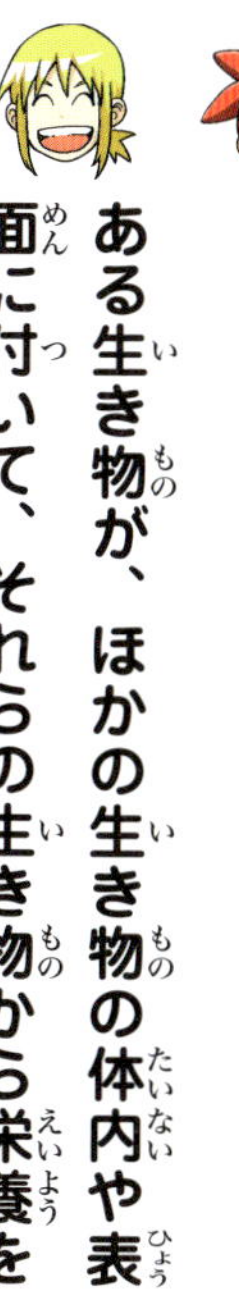

ある生き物が、ほかの生き物の体内や表面に付いて、それらの生き物から栄養を取ることさ。ノミは人間やイヌ、ネコなどのほ乳類や、鳥類に寄生して、血を吸って生きる昆虫なんだ。

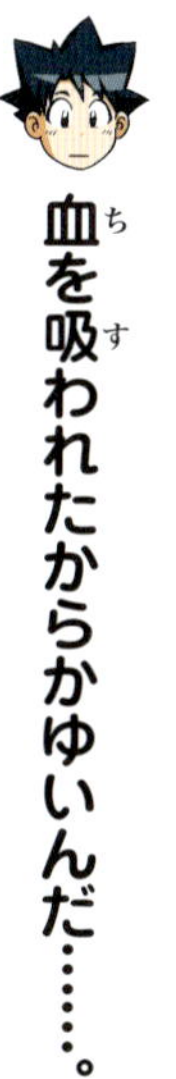

血を吸われたからかゆいんだ……。

だれかの体に寄生するのなら、なんであんなにジャンプしなきゃいけないの？

答えは次のページ！

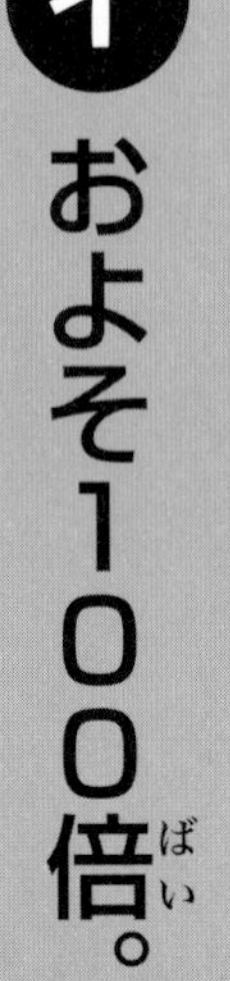
答え
イ
およそ100倍。

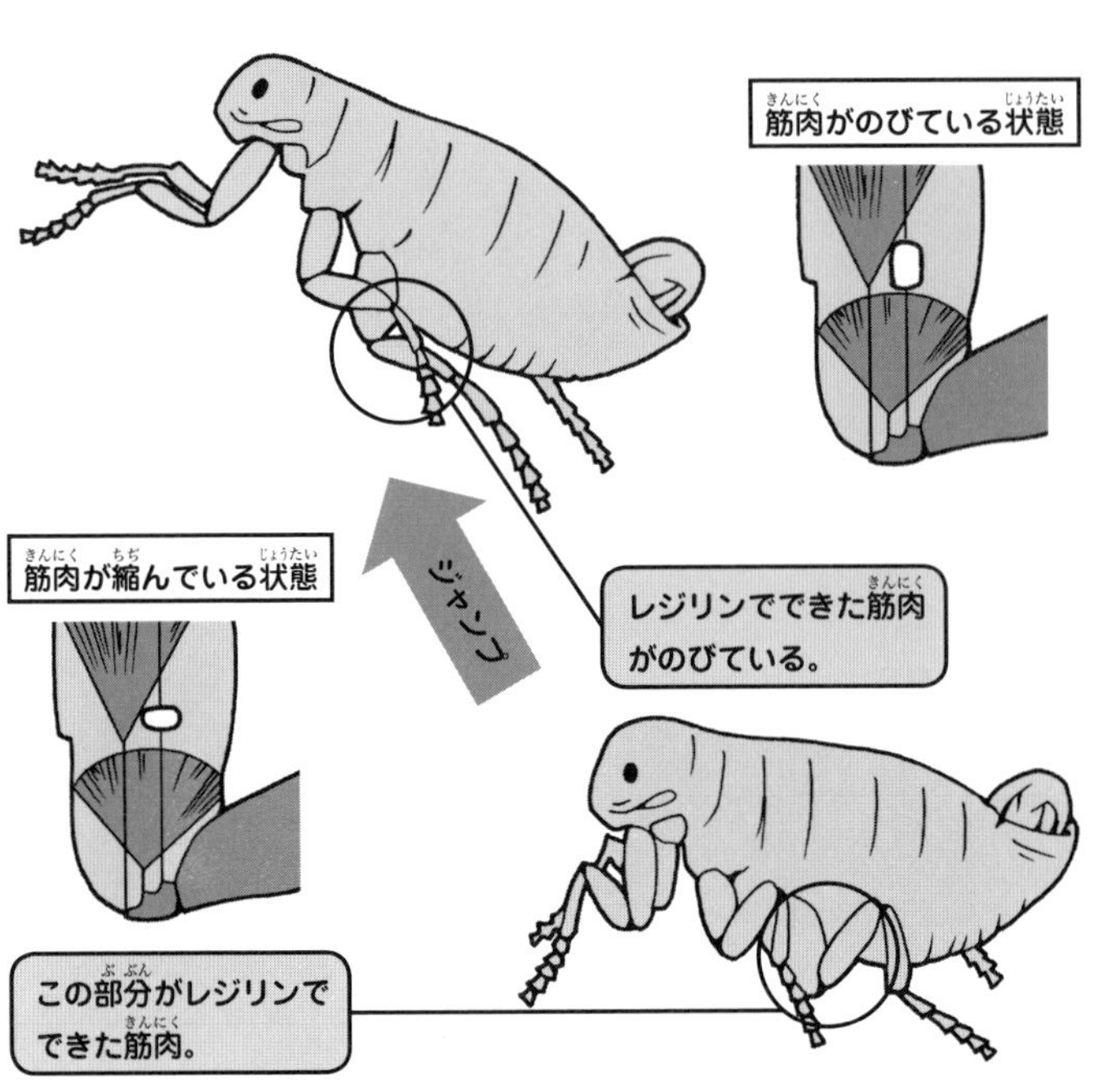
筋肉がのびている状態
筋肉が縮んでいる状態
ジャンプ
レジリンでできた筋肉がのびている。
この部分がレジリンでできた筋肉。

【解説】

ノミは、成虫でもはねのない昆虫です。その代わり、すぐれたジャンプ力があることで有名です。

ジャンプ力の秘密は「レジリン」というタンパク質でできた特別な筋肉です。レジリンには、バネのようにのび縮みする性質があり、縮んだ筋肉がのびるときに、大きな力が生まれます。

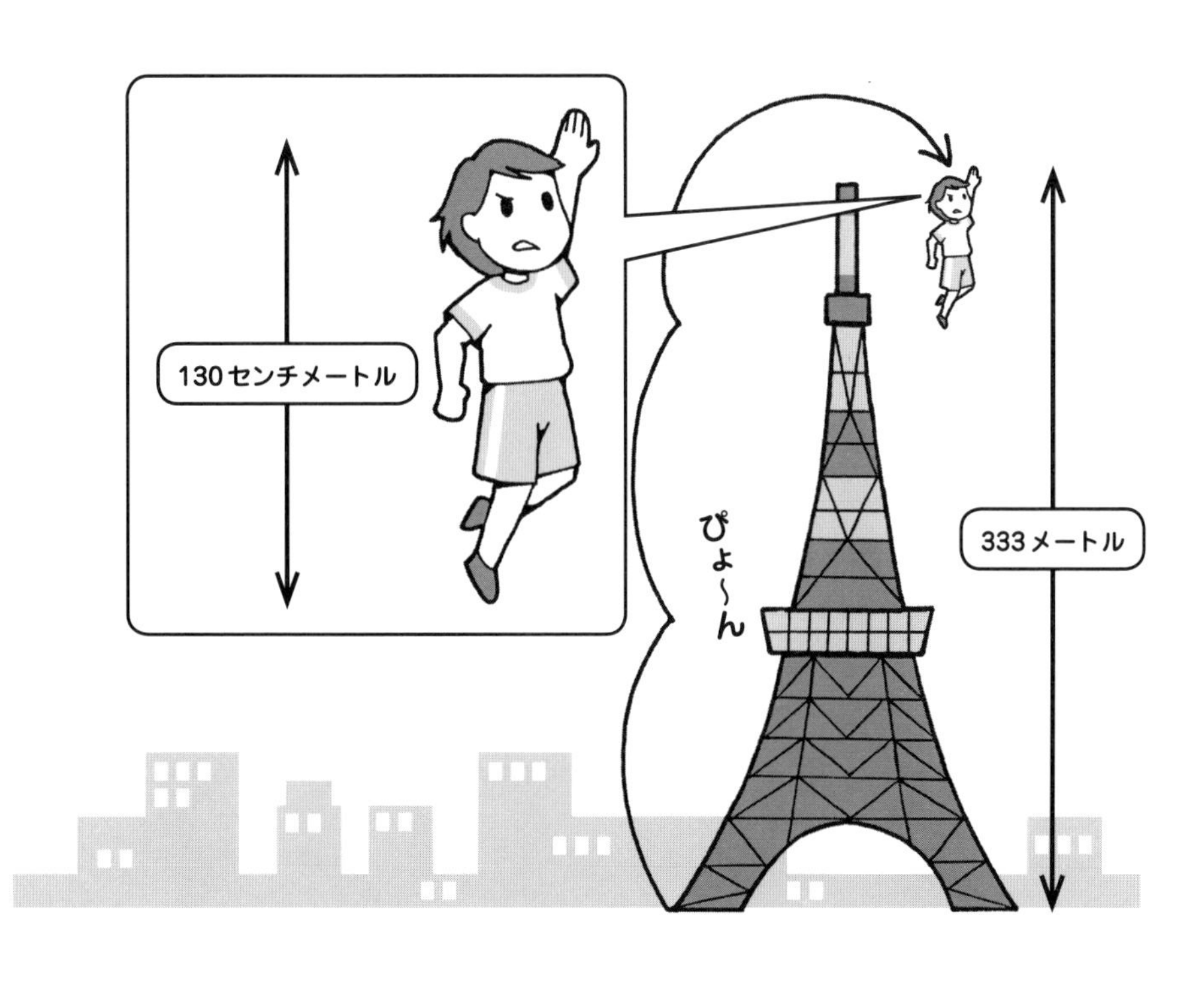
130センチメートル
ぴょ～ん
333メートル

体長2ミリほどのヒトノミのオスは、体長の１００倍以上、つまり約30センチメートルほど、まっすぐ上に向かってジャンプすることができます。身長１３０センチメートルの人間なら、１３０メートル以上となり、３とび目で東京タワー（高さ３３３メートル）をとび越えられることになります。

ノミはこのジャンプ力で、寄生できる生き物にとびつこうと待ち構えています。

すごい身体能力！

第9話

木の葉っぱの色も変わってきたぞ……。
なんかちょっとすずしくなってきたね。

クイズ

秋になるとなぜ葉っぱの色は変わるの？

ア 葉っぱの中にある緑色のもとが壊れるから。

イ 葉っぱの中にある緑色のもとが黄色に変色するから。

ウ 葉っぱの中にある黄色のもとが増えるから。

葉っぱには、色が変わるのと、変わらないのがあるよね。

たしか、色が変わるのは落葉樹というよね。

落葉樹は、色が変わるだけでなく、冬になると葉っぱが落ちてしまうんだ。

どうして落葉樹の葉っぱは落ちちゃうの？

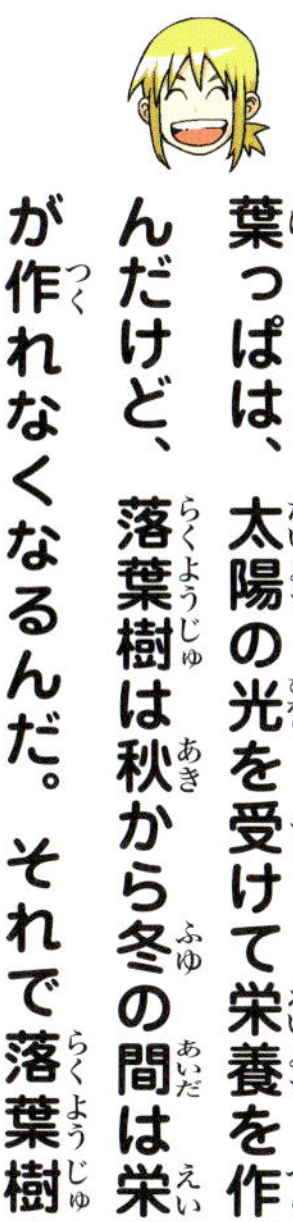

葉っぱは、太陽の光を受けて栄養を作るんだけど、落葉樹は秋から冬の間は栄養が作れなくなるんだ。それで落葉樹の葉っぱは落ちるんだ。

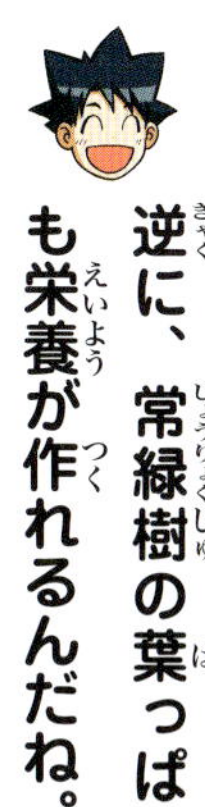

逆に、常緑樹の葉っぱは、冬の弱い光でも栄養が作れるんだね。

常緑樹

マツ、スギ、ツバキなど。

一年じゅう、葉っぱがついていて、色もほとんど変わらない。葉っぱは濃い緑色で、かたくて厚みがあるものが多い。

一年じゅう変わらない

落葉樹

イチョウ、カエデなど。

秋になると色が変わり、冬になると葉が落ちる。葉っぱは明るい緑色で、薄くてやわらかいものが多い。

冬
夏

答えは次のページ！

答え

ア 葉っぱの中にある緑色のもとが壊れるから。

【解説】生き物の体は、多くの種類の小さな細ぼうでつくられています。緑色の植物の葉っぱにも細ぼうがあり、その中には緑色のつぶつぶがあります。このつぶを「葉緑体」といいます。葉緑体の中にはさらに緑色のもとになる物質（葉緑素）が入っています。

葉っぱの中にはこのほかにも黄色のもとになる物質（カロテノイド）も入っていますが、葉緑素のほうが多いので目立ちません。

葉っぱが緑色に
見えるのは
葉緑素の
せいなんだね！
細ぼう内の葉緑体

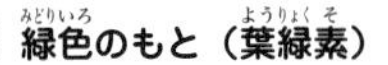
緑色のもと（葉緑素）
黄色のもと（カロテノイド）

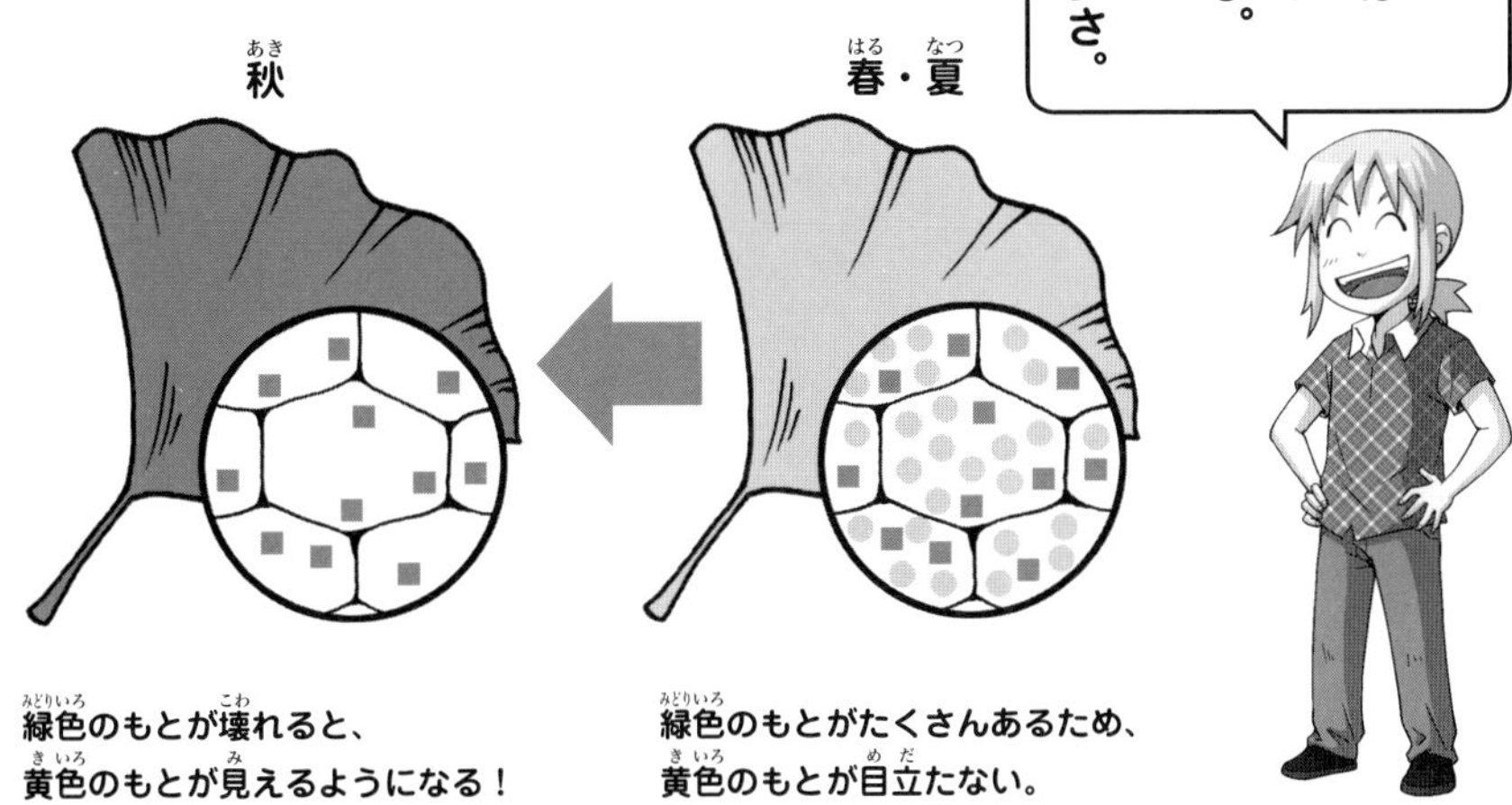
ちなみに
赤い色のもとは
アントシアニン
という物質だよ。
イチゴの赤も
アントシアニンさ。
秋
春・夏
緑色のもとが壊れると、
黄色のもとが見えるようになる！
緑色のもとがたくさんあるため、
黄色のもとが目立たない。

落葉樹の葉っぱの葉緑体は、秋になって太陽の光を受ける時間が短くなり、気温が低くなると、元気に働けなくなります。こうして葉緑体が壊れると、その中に入っている緑色のもとも壊れてしまいます。

緑色のもとが壊れると、目立たなかった黄色のもとが見えてきます。それで秋になると、葉っぱの色が変わるのです。

最低気温が8度以下の日が続くと、赤い色の葉っぱも現れます。しかし、なぜ赤い色を作る葉っぱと作らない葉っぱがあるのかは、よくわかっていません。

第10話

さ迷っているうちに
寒さが厳しい場所に
来てしまった!!

このままでは
リスのように冬眠して
しまいそう……。

助けに
来たぞー♡
博士ー!

クイズ

リスはどうして冬眠するの?

ア 巣の中があたたかくて、眠くなってしまうため。

イ 体がかわかないように、水分の量を保つため。

ウ 食べ物のない冬を生き抜くため。

冬になっても
食べ物に困らないのは、
人間と人に飼われている
動物くらいじゃ!

あぶないところだったのお。あのままでは、凍え死んでもおかしくなかったぞ。

リスのように、冬眠して生き延びるってことは、やっぱり人間にはできないのかな?

私も冬眠してみたい! だって冬眠できれば、春まで勉強しなくてよくなるもん。

冬眠はそんな気楽なもんじゃないよ。動物たちは命がけでやってるんだ。

それにすべての動物が冬眠するわけでもないぞ。

ただ寝ているだけじゃないってこと?

答えは次のページ!

答え

ウ 食べ物のない冬を生き抜くため。

【解説】

寒い地域では、冬になると食べ物がほとんどなくなってしまいます。そのため野生の動物は厳しい冬を過ごすためにいろいろなくふうをしています。

例えば、渡り鳥やトナカイなどの「移動」や、ニホンザルのように秋までにたっぷり食べて体内にエネルギーをたくわえる「貯蔵」などです。こうしたくふうのひとつとして、「冬眠」もあるのです。


食べ物の少ない冬を乗り切る「くふう」あれこれ

① 移動：食べ物がたくさんある場所へ移動する渡り鳥など。
② 脂肪をたくわえる：秋にたくさん食べてエネルギーをたくわえる。ニホンザルなど。
③ 冬眠：冬の間、食べ物を食べずじっとすごす。両生類、は虫類、昆虫類は「越冬」と呼ぶことも。

ほ乳類では世界で183種の動物が冬眠すると確認されている

ツキノワグマ
（食肉目　クマ科）

アナグマ
（食肉目　イタチ科）

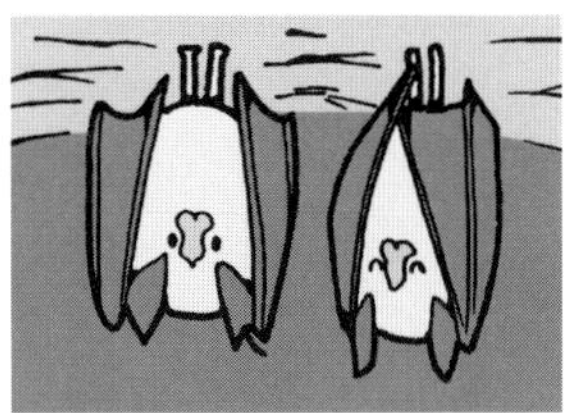
キクガシラコウモリ
（翼手目　キクガシラコウモリ科）

ヤマネ
（げっ歯目　ヤマネ科）

シベリアシマリス
（げっ歯目　リス科）

ハイイロショウネズミキツネザル
（霊長目　コビトキツネザル科）

冬眠する動物は、寒くなると外の気温に合わせて体温が下がります。そうすることで、心拍数（心臓が1分間に打つ回数）や呼吸数が極端に少なくなり、体のエネルギーをほんの少しか使わなくていい状態になります。また、いつもなら体が眠っている間も起きている脳も眠ってしまいます。春になって外の気温が上がると、体温も上がり、動物は冬眠から目覚めます。

シマリスの場合、いつもは体温37度・心拍数400回だけど、冬眠すると体温5度・心拍数10回以下になるんだって！

スゲー！

生き物のサバイバル

1 うんちをしないこん虫!?

ウスバカゲロウの幼虫（アリジゴク）は、うんちをしないことで有名。おなかの中でためたうんちを成虫になってからいっぺんに出すんだ。でも、おしっこはするらしいよ。

2 肉食のチョウがいる！

ゴイシジミというチョウの幼虫は、ほかのチョウの幼虫とちがって葉っぱは食べないよ。アブラムシを食べる肉食なんだ。成長してチョウになると、今度はアブラムシが出すみつを食べ物にするんだ。

3 タコには脳が9つある！

タコは頭のほかに、8本のあしの付け根にそれぞれ、あしを動かすための脳を持っているんだ。だから、自由自在に8本のあしを動かすことができるんだって。それだけじゃなくて、心臓を3つも持っているよ。

生き物に関するビックリする豆ちしきを集めたよ！

ビックリ豆ちしき！

4 イルカはねむらない！

ほ乳類などがねむるのは、脳を休めるためだといわれているよ。イルカは、自分の脳を半分ずつ交代で休ませることができるので、ねむらずに活動できるんだ。

5 竹も花をさかせる！

竹の花を見たことがある人は少ないんじゃないかな。それもそのはず。マダケの花は、100年に1度くらいしかさかない、めずらしいものなんだ。しかも、花がさいたら、そのマダケはかれてしまうんだって。

竹の花
わたしも見てみたいな～！

6 イチゴのつぶつぶはたねじゃない！

イチゴの表面のつぶつぶは、じつはイチゴの実なんだ。たねは、このつぶつぶの中に入っているよ。じゃあ、みんなが食べているのはどの部分なんだろう。じつは、実だと思っている部分は、くきの先がふくらんだものなんだ。

自然のサバイバル

今日はノウ博士の発明品・時空移動時計の試運転。はたして、どんなことが起きるかな？

3人といっしょにクイズを解きながら、自然の不思議を知ろう！

第1話

うわ～っ!!
なんで飛ばされるんじゃ!?

時空移動時計の故障か？
びしょびしょ。
海の水しょっぱ～い。

クイズ

海の水はどうしてしょっぱいの？

ア　海の水には塩が含まれているから。

イ　魚などがおしっこをしているから。

ウ　海そうの成分がとけだしているから。

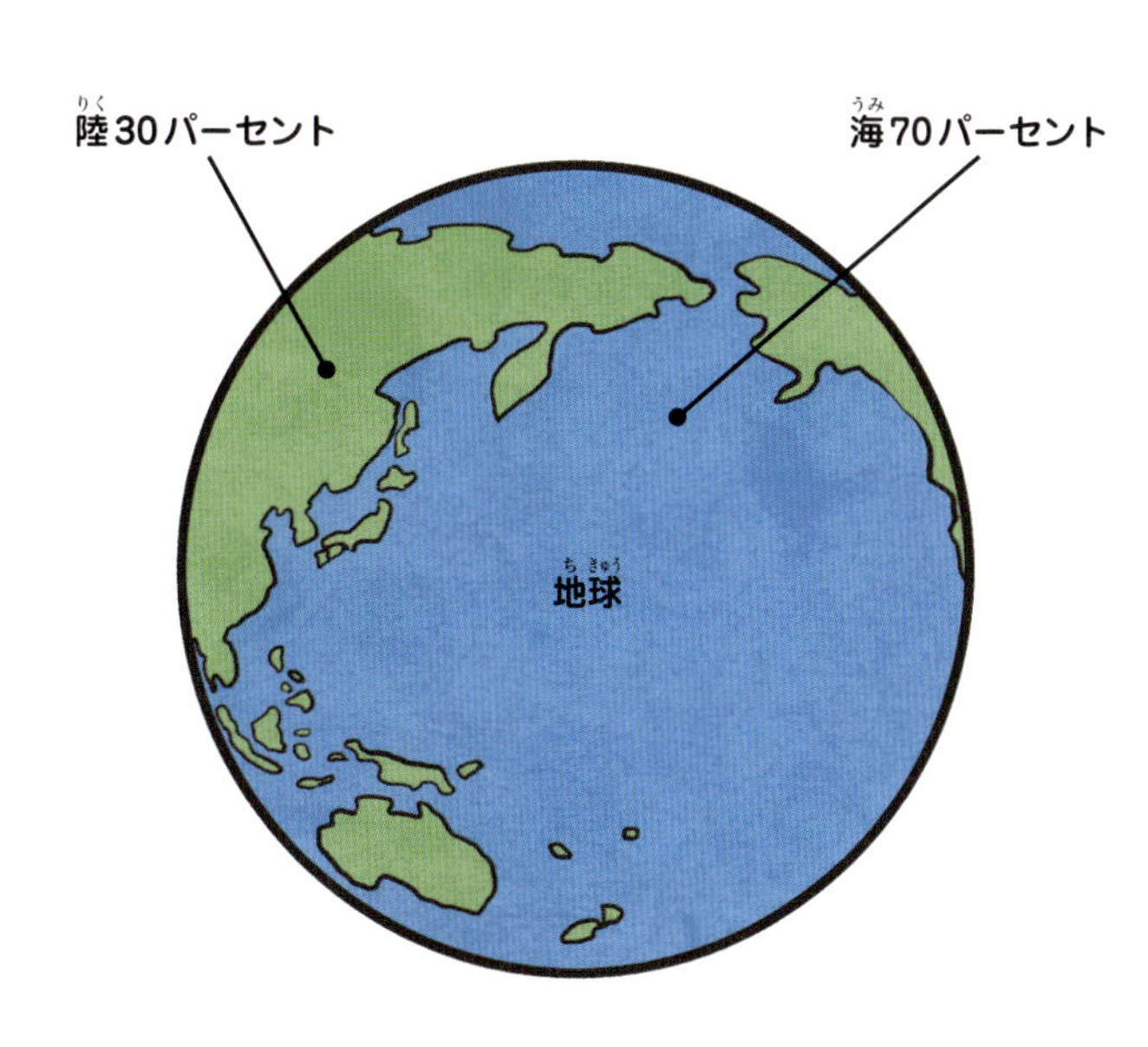
陸30パーセント
海70パーセント
地球

地球の表面の70パーセントが海で、30パーセントが陸だね。

地球は水の惑星といわれるんじゃ。地球の表面の約70パーセントが海で、たくさんの水でおおわれているからね。ところで、こんなに水がたくさんある地球だけど、我々人間や動物たちが飲める水って、どれぐらいあると思う？

たくさんあると思うなぁ。川とか湖とか、まわりには水が多いから。

じつは、わたしたちが飲める水（淡水）は、地球上にある水のたった2・5パーセントなんだ。

え！　そんなに少ないの！

そう、とても貴重なものなんじゃよ。

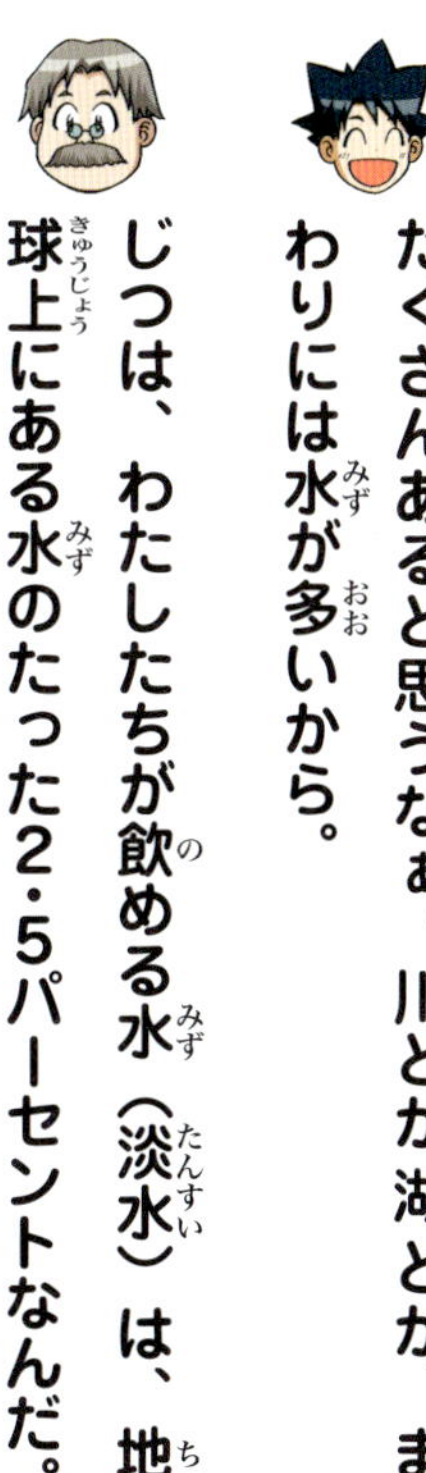

答えは次のページ！

ア 海の水には塩が含まれているから。

【解説】

海の水がしょっぱい原因は、地球の誕生に関係があります。

地球ができたのは46億年前のことです。はじめは火の玉のようだった地球も、しだいに冷えていき、空気中の水蒸気が雲になって、たくさんの雨がふるようになりました。

たくさんの雨によって地表にはどんどん水がたまっていきます。こうして海がつくられていきましたが、その時、火山からは塩素などが、岩石からはナトリウムなどが、雨や水にとけだ

火山から出た塩素が水にとける。
岩石からナトリウムがとけだす。

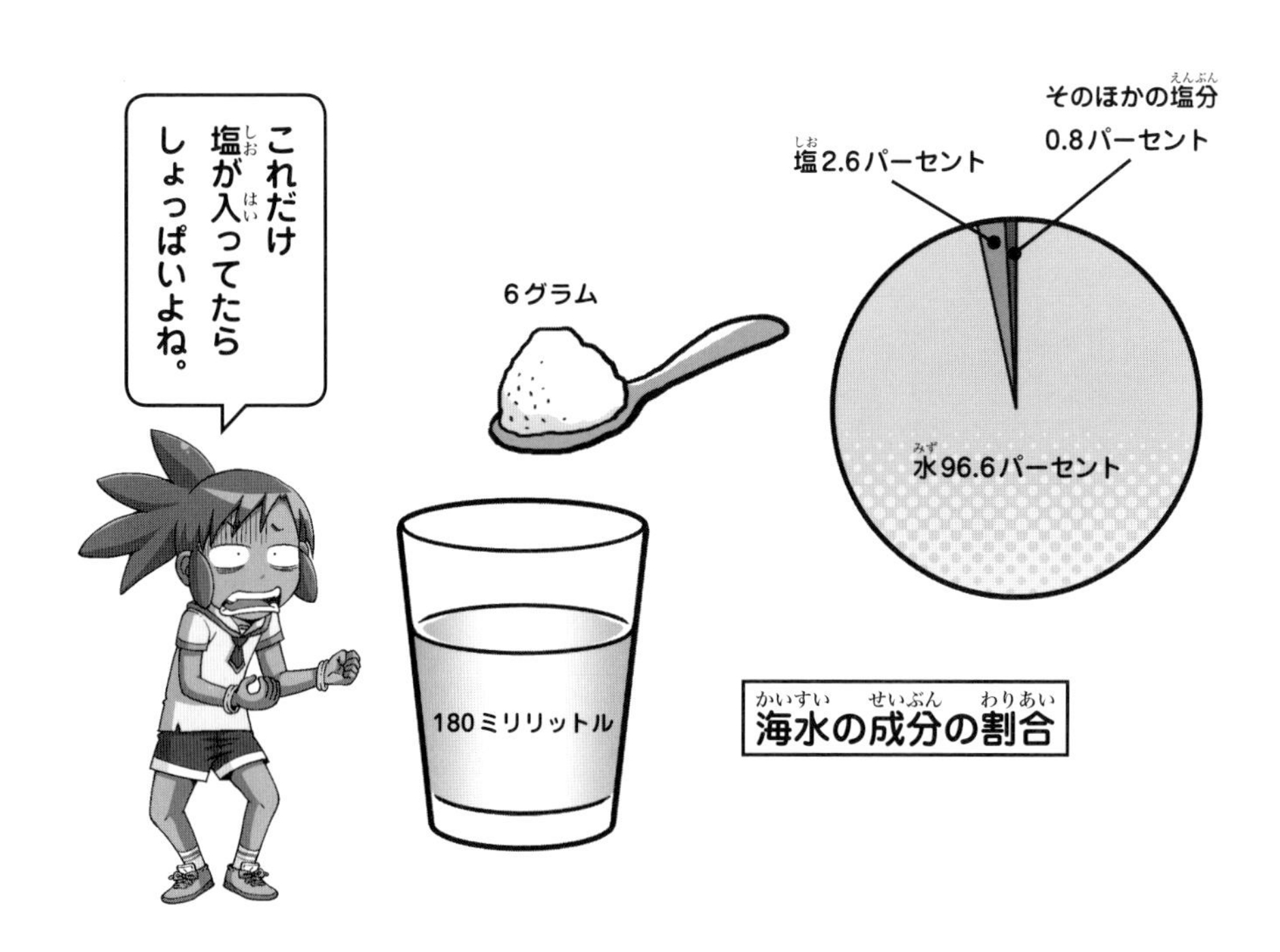
これだけ
塩が入ってたら
しょっぱいよね。
6グラム
180ミリリットル
そのほかの塩分
0.8パーセント
塩2.6パーセント
水96.6パーセント
海水の成分の割合

しました。この塩素とナトリウムがくっつくと、塩化ナトリウム（塩）になります。海の水には、こうしてできた塩分が含まれているので、しょっぱいのです。

海の水の成分を割合で見ると、水が96・6パーセント、塩が2・6パーセント、そのほかの塩分が0・8パーセントになります。コップ1杯分（180ミリリットル）の海の水には、小さじ山もり1杯分（約6グラム）の塩分が含まれていることになります。

ちなみに、一般的なみそしるの塩分は0・5パーセント。海水の塩分がいかに濃いか分かるね！

第2話

ひとまずぬれた服をかわかそう。
おっと!

今度は砂まみれか……。

クイズ

砂や土はどうしてできるの?

ア 宇宙から、いん石などによって運ばれてきた。

イ 地球が生まれた時に、一気にできた。

ウ 岩がくだけて、細かくなってできた。

土

砂

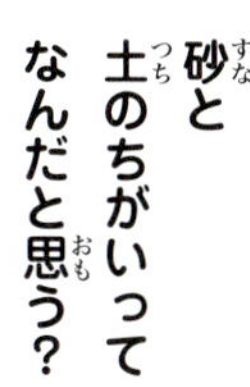

砂と
土のちがいって
なんだと思う?

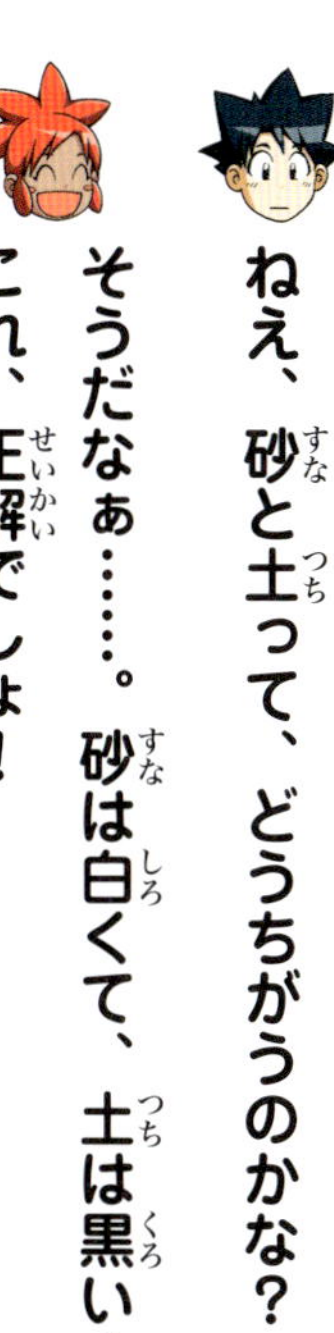

ねえ、砂と土って、どうちがうのかな?

そうだなぁ……。砂は白くて、土は黒い!
これ、正解でしょ!

砂と土がどうちがうか? とてもいい疑問じゃ。砂と土では、植物を植えた時、成長のしかたにちがいが出るよ。これがヒントじゃ。

成長のしかたがちがうって……どういうこと?

栄養かな?

そうじゃ! 土には、植物が成長するために必要な栄養分がたくさん含まれている。それが砂とのちがいなんじゃよ。

答えは次のページ!

答え

ウ 岩がくだけて、細かくなってできた。

【解説】

砂は、もともとは大きな岩石で、それがくだけて細かくなってできたものです。

地球ができたころの地表には、水しかありませんでした。水が雨になり、大きな岩石と川になって流れることで、大きな岩石が割られたり、くずされたりして、岩のかたまりができます。川に流された岩のかたまりは、ほかの岩とぶつかるなどして、だんだんと細かくなっていき、砂になったのです。

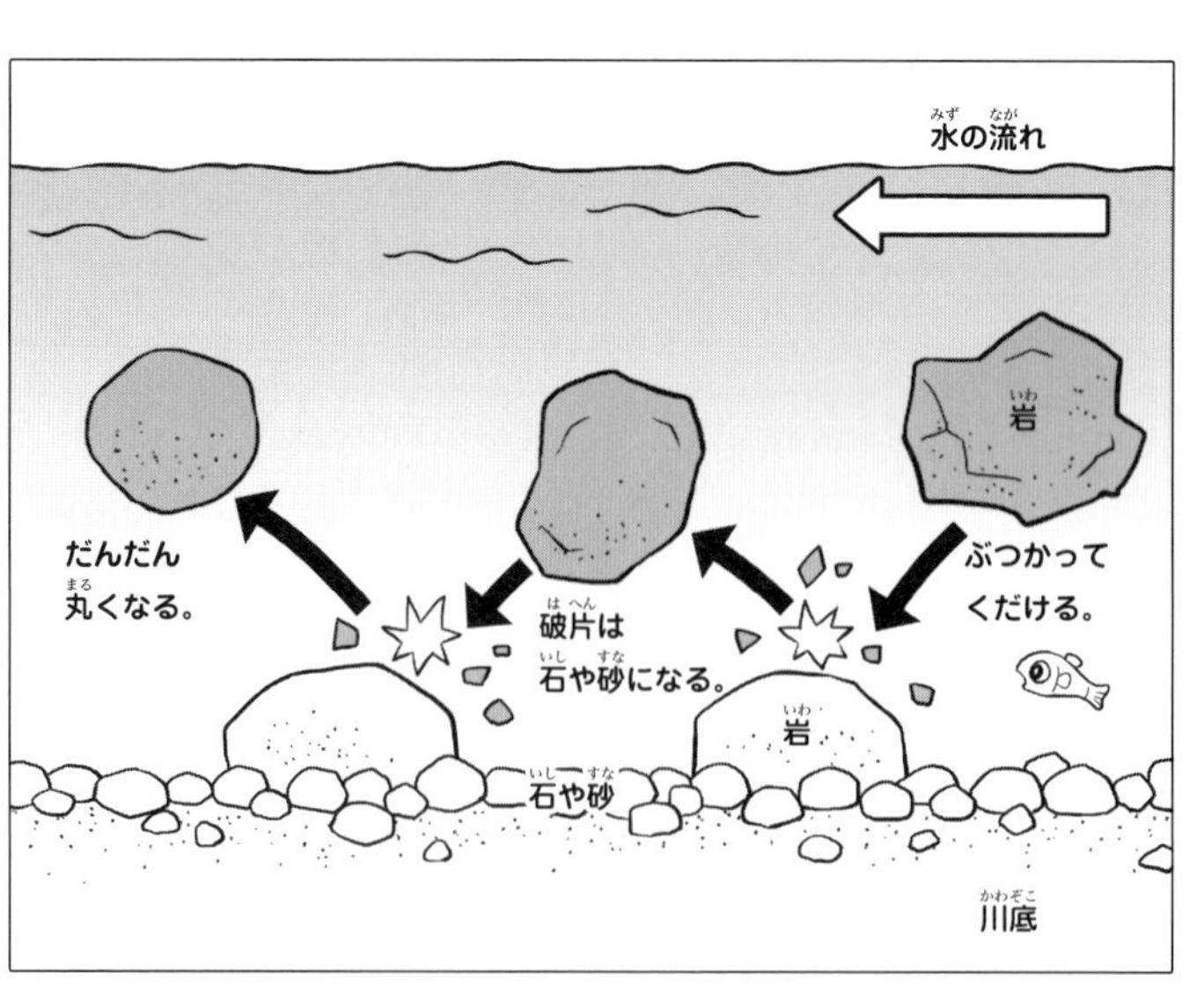
水の流れ
岩
ぶつかって
くだける。
破片は
石や砂になる。
だんだん
丸くなる。
岩
石や砂
川底

砂がもっと細かくなっていくと、どろになるんじゃよ。
上流の河原
中流の河原
下流の河原
海

岩がくだけて、石になったしょうこは、川の上流から下流までの石の大きさのちがいに表れています。川の上流には、ゴロゴロと大きい石が見られますが、川の下流や海辺の砂浜には、小さな石や砂しか見られませんね。

こうして砂はできますが、土はどうやってできるのでしょう？　砂にバクテリアがすみついたり、コケが生えたり、植物の枯れ葉や動物の死がいなどがたまったりすると、砂がだんだんと土に変わっていきます。土には栄養があるので、花などの植物がよく育ちます。

僕の体についた砂も、長い旅をしてきたんだな。

第3話

日差しが強いと
すぐかわくな。
ホント
ね。

……って
なんで雨？
太陽は
出てるのに。

クイズ

天気雨はどうしてふるの？

ア　太陽の光が雨つぶをつくるため。

イ　雨が地表に届くまでに、上空の雲がいなくなってしまうため。

ウ　昔から、キツネのしわざだと言われている。

狐の嫁入りはこんな感じじゃ。

昔の人は天気雨を「狐の嫁入り」と言っていたんじゃ。

なあに？　それ？

キツネやタヌキは、人をだますって考えられていたから、天気雨のような不思議な現象にあうと、それらのしわざだと思ったんじゃろう。

ふーん。おもしろいね。ただ、キツネのしわざではないことが、今の科学ではわかっているね。

へぇ！　じゃあ、天気雨はどうして起こるの？

キツネじゃないとすれば……。なんの動物のしわざだろうな？

いやいや。動物じゃないって。

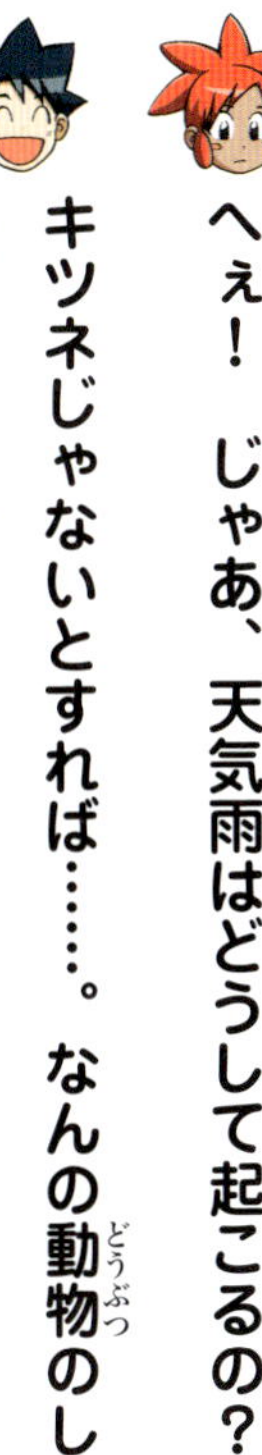

答えは次のページ！

答え

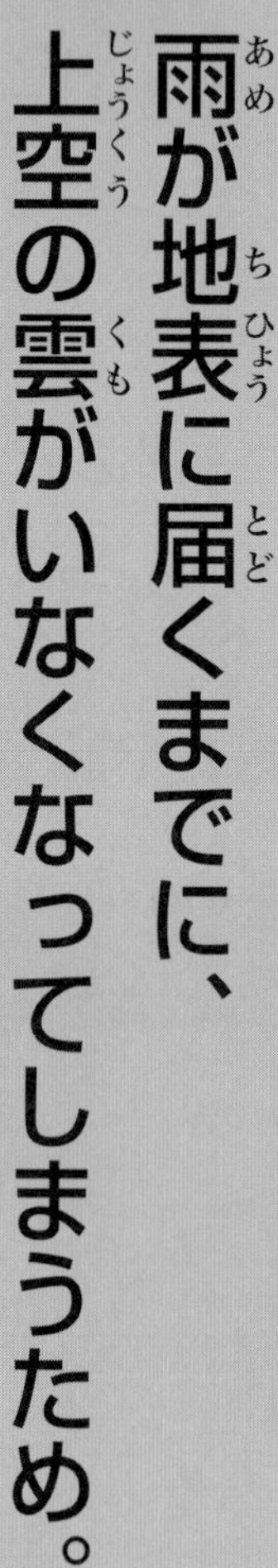

イ　雨が地表に届くまでに、上空の雲がいなくなってしまうため。

【解説】

ぽつぽつと雨がふってきて、空を見上げたら、よく晴れている。こうした天気雨は、どうして起こるのでしょう？　その理由は３つあります。

ひとつは、雨をふらせた雲がいなくなってしまうことで起こります。上空の雲から雨がふって、雨つぶが地表に届くまでには時間がかかります。その間に、雨をふらせた雲が風に流されて、上空からはいなくなってしまうことがあるのです。

バイバーイ♪
雨が地面に届く前に、雲が流される。
雨？でも晴れてる。

とても小さな雲が
雨をふらせた。
遠くのほうで
ふった雨が
風に流されて
飛んできた。

ふたつめは、雨つぶ自体がよそのほうから飛んでくることで起こります。上空ではなく、よそのほうでふった雨つぶが、強い風に流されて飛んでくることがあるのです。

みっつめは、とても小さな雲が雨をふらせていることで起こります。小さな雲なので、まわりの空は晴れていて、天気雨に見えますね。

天気雨って
おもしろいね。

第4話

あやしい雲行きだな。

ギャッ。
博士!!

クイズ

雷はどうして音が鳴るの？

ア カミナリ様がたいこをたたいているから。

イ 大きな雲どうしがぶつかって音が鳴る。

ウ 雷のまわりの空気が激しく動いて音が鳴る。

雷は高いところに落ちやすい。
かさをさしていると危ないよ。

雷ってこわいよね。外で急に雷にあったら、どうすればいいのかな？

身につけている金属は外せって聞くよね。

雷は金属に落ちやすいイメージから、そう言われるが、じつは身につけている金属はほんの少しだから、雷の落ちやすさは変わらないんじゃよ。

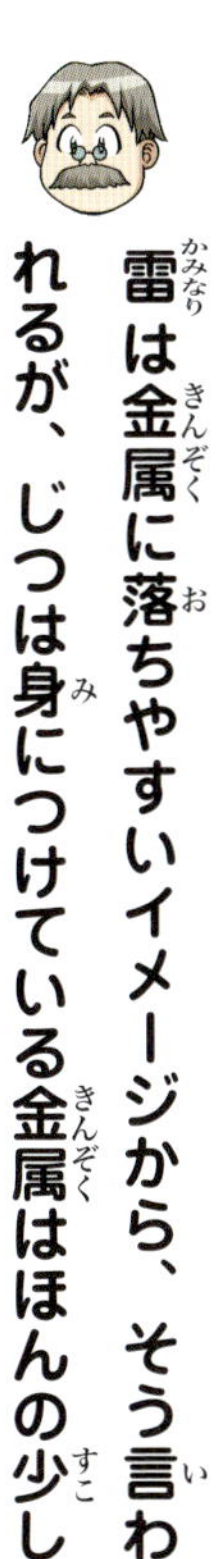

じゃあ、何をすればいいの？

建物や車や電車の中に入ること。近くに何もない時は、高い木から少し離れたところにしゃがむんだ。

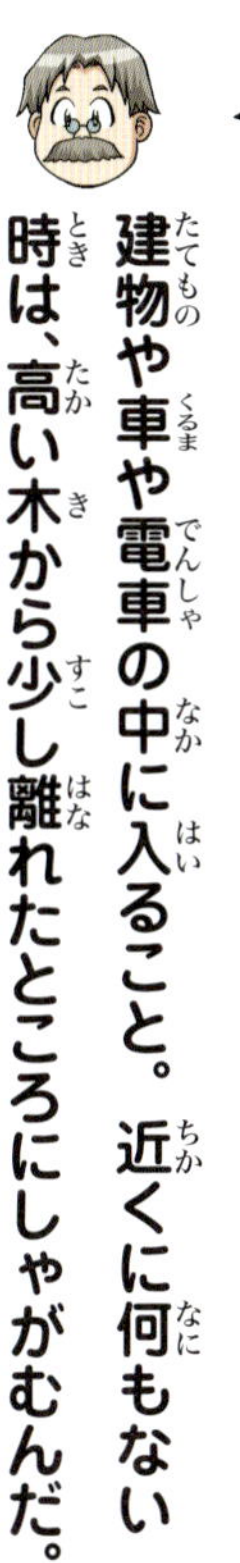

どうして、木から少し離れるの？

近いと、木に落ちた雷が伝ってくることがあるからね。

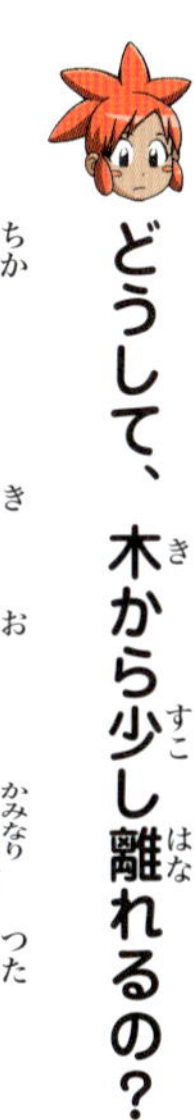

答えは次のページ！

答え

ウ

雷のまわりの空気が激しく動いて音が鳴る。

【解説】

雷のもとは静電気です。冬場にセーターを脱いだり、金属のドアノブをさわったりした時に、バチッとするのが静電気です。雷雲（積乱雲）の中で、小さな氷のつぶなどが激しくぶつかりあうことで、静電気がたまって雷が発生します。

ふつう、電気は電線などを流れて、空気中を流れることはありません。でも、雷の電気は非常に強いために、空気中をむりやり流れてしまうのです。この時、雷が流れたまわりの空

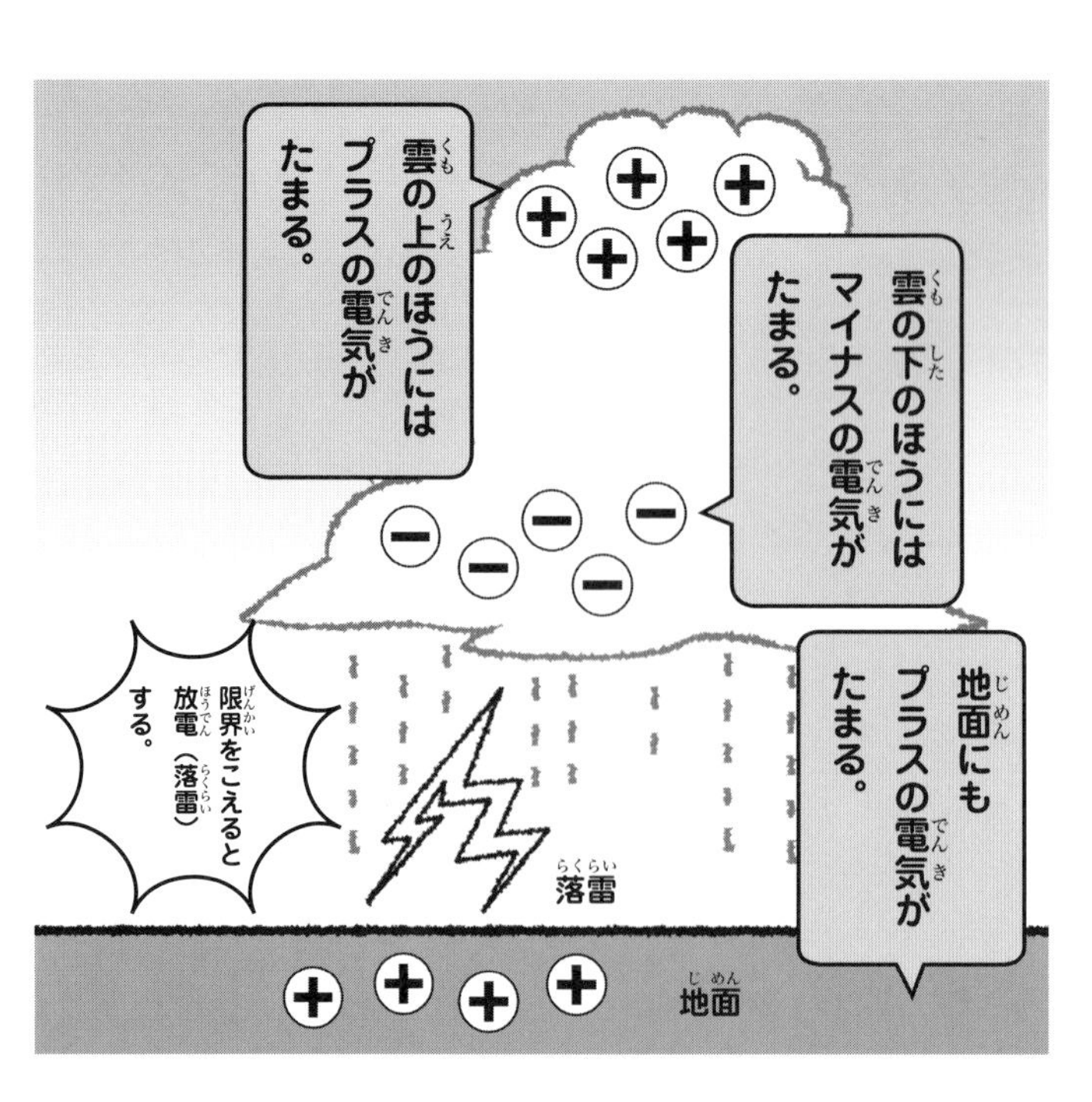
雲の上のほうにはプラスの電気がたまる。
雲の下のほうにはマイナスの電気がたまる。
地面にもプラスの電気がたまる。
限界をこえると放電（落雷）する。
落雷
地面

ゴロゴロゴロ…
ピカッ！
1……
2……
3。

気が激しくふるえて、大きな音が出るのです。たいてい雷は、光った後に音が聞こえてきます。雷の光と音は同時に出ていますが、光のほうが空気中を速く伝わるために、後から音が聞こえるのです。

音は、空気中を1秒間に約340メートルの速さで伝わります。雷が光ってから3秒後に音が聞こえたとすると、だいたい1キロメートル離れていることになります。

遠くの雷は「ゴロゴロ」、近くの雷は「バリバリ」と聞こえるんだって。

第5話

博士大丈夫？
あ！時空移動時計が動いているぞ。

うわぁ！

また海？
しょっぱくないから川かな。

クイズ

川の水はどこからくるの？

ア 山にふった雨や、地下にしみこんだ水などが集まって流れる。

イ 山の上から、大きな水道で水を流している。

ウ ほとんどの山の上には湖があって、そこから流れてくる。

日本にも世界にも水の名産地がいろいろあるよ。
おいしい水だよ。

ねえ、お店で売られている「ミネラルウォーター」って、どんな水のこと？

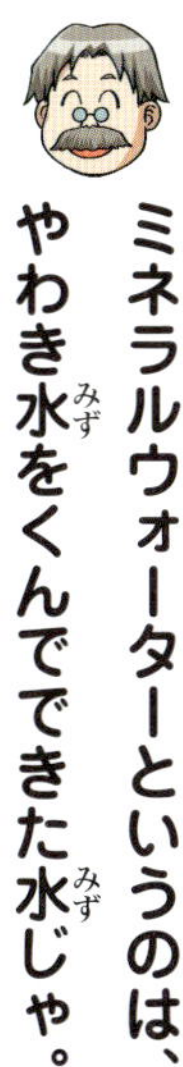

ミネラルウォーターというのは、地下水やわき水をくんでできた水じゃ。雪や雨の水が地下にしみこんでいって、自然の力できれいにろ過されて、さらにミネラル成分もとけこんでいるんじゃ。

へー。だから、おいしいのか。

水の味においしいとか、まずいとかあるのかな？

飲みくらべてみたらわかるかもね。どこの水がおいしいか、自由研究してみたらどうじゃ？

答えは次のページ！

答え

ア 山にふった雨や、地下にしみこんだ水などが集まって流れる。

【解説】

水は上から下へ流れます。川の水も山から海へと流れていきます。

川のはじまりは山にあります。山にふった雪や雨の水が集まって、小さな流れ（支流）になります。小さな流れは何本も集まって、しだいに大きな川となっていきます。

川の水は、雪や雨の水が、山の斜面などを流れて集まったものだけではありません。地面にしみこんだ地下水が、時間をかけて、ふたたびしみ出してくるものもあります。しばらく雨が

南アメリカ大陸のアマゾン川
アマゾン川にはたくさんの支流があるね。

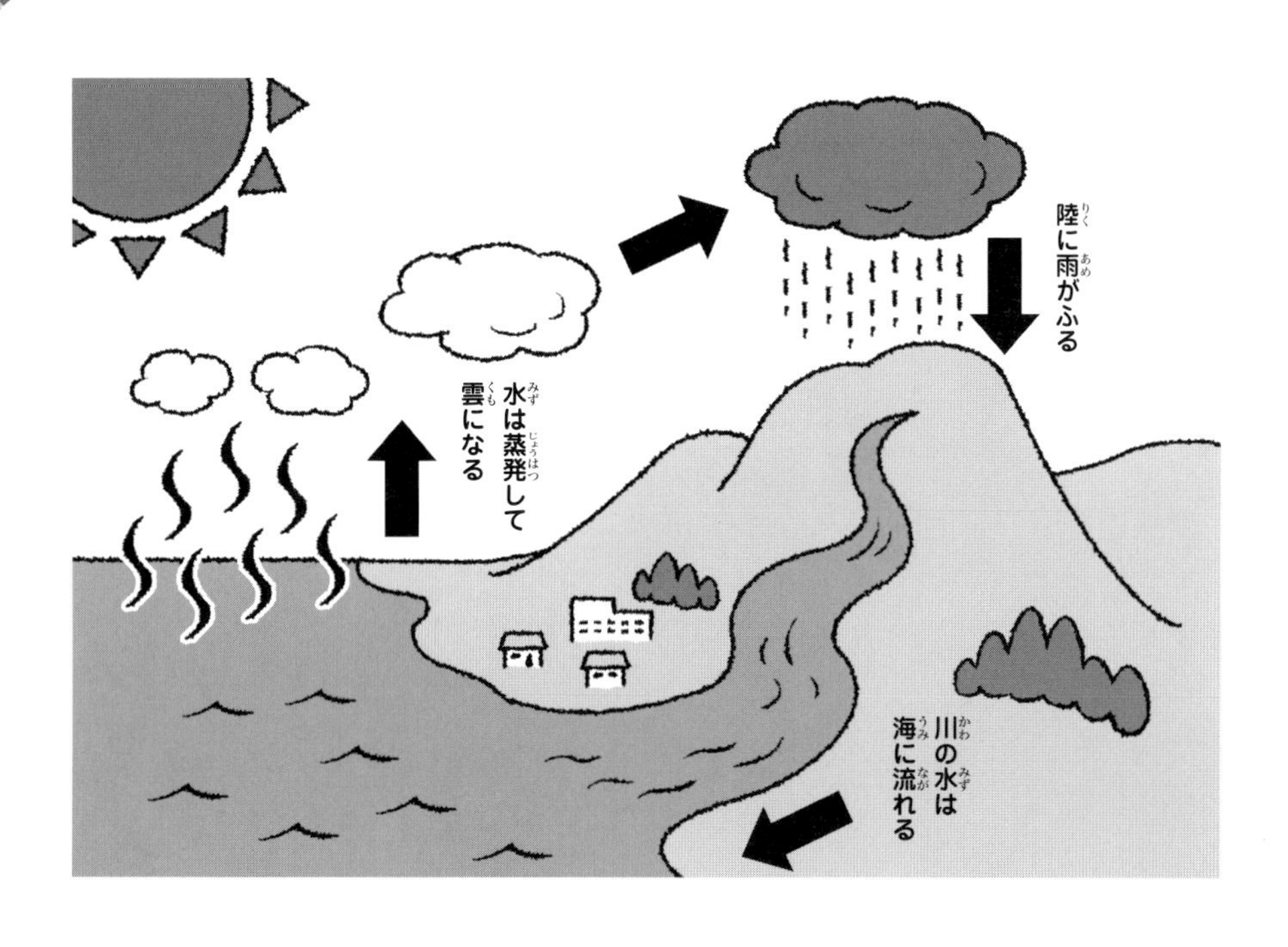
陸に雨がふる
水は蒸発して
雲になる
川の水は
海に流れる

ふらなくても、川の水がなくならないのは、地下にしみこんだ水が川に流れ出ているからなのです。

川の水は海に流れて、海の水は太陽の熱であたためられて水蒸気となり、雲になります。雲はまた地上に雨をふらせます。こうした水のサイクルのなかで、川の水はずっと流れているのです。

川の水が
なくならないわけが
わかったね。

第6話

ずいぶん寒いわね。ここ……。
ハークシュン！

山の上だから寒いぞ……。

クイズ

山の上がすずしいのはどうして？

ア 山の上は風が強くふくから。

イ 太陽の熱が、まず下のほうの地面からあたためるから。

ウ つもった雪が、山の上を冷やしているから。

下よりも太陽に近いのにすずしい。

富士山の頂上ではお菓子の袋がパンパンになるぞ。

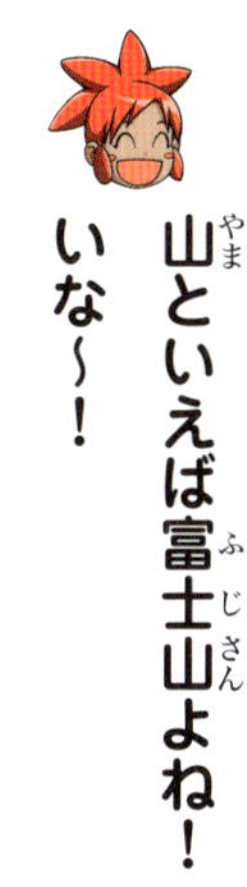
山といえば富士山よね！　いつかは登ってみたいな～！

富士山の頂上までの道はいくつかあるが、登るのに歩いて7～8時間はかかるそうじゃ。帰りの下り道も考えるとたいへんじゃよ。

そんなにたいへんなの？　しんどいかも。

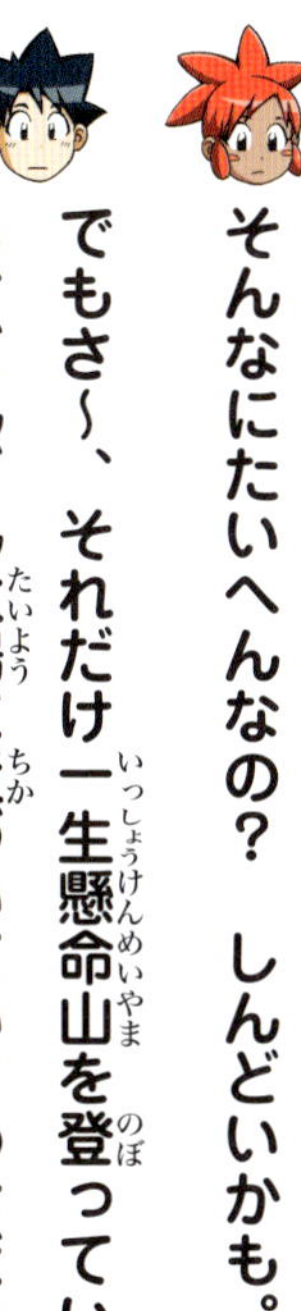
でもさ～、それだけ一生懸命山を登っていったら、どんどん太陽に近づいていくわけだよね？太陽に近づいていくのに、どうして山の上がすずしいんだろう？　暑いはずじゃない？

そういえばそうね。どうしてかな？

答えは次のページ！

答え

イ　太陽の熱が、まず下のほうの地面からあたためるから。

【解説】

山の上がすずしいのは、地球の空気のあたたまりかたに関係があります。

地球の空気（大気）は、太陽の熱を受けてあたたまりますが、空気が直接あたたまるのではありません。

太陽の熱は、まず地上をあたためます。そして地上があたたかくなると、地上の熱で空気があたたまるのです。つまり、地上に近い低い部分から空気があたたまっていくので、高い山の上はあたたまりにくいのです。

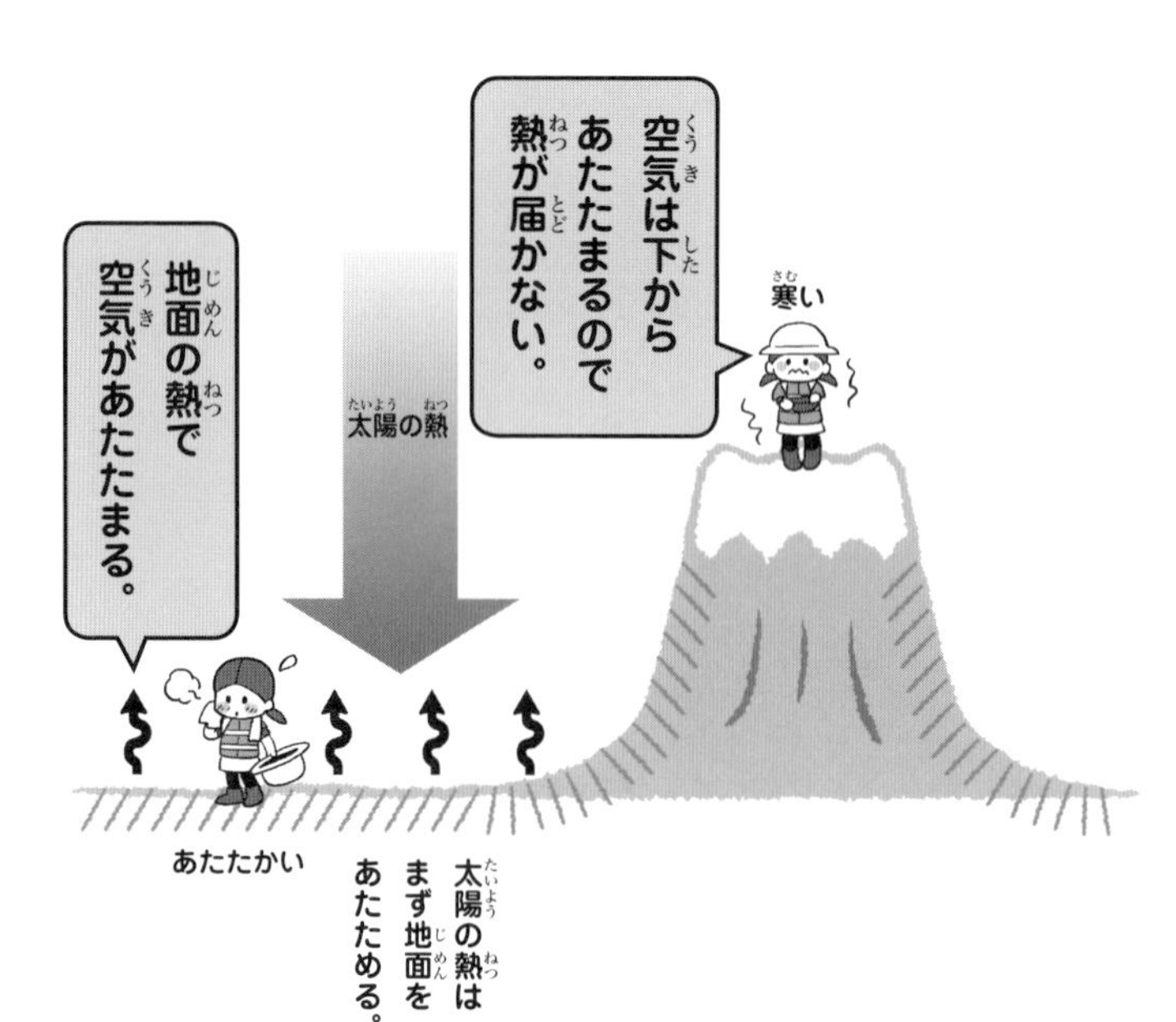
空気は下からあたたまるので熱が届かない。
寒い
太陽の熱
地面の熱で空気があたたまる。
あたたかい
太陽の熱はまず地面をあたためる。

平地の気圧は1気圧。富士山の上は約0・6気圧。
0.6気圧
POTE
1気圧
POTE
空気の圧力が弱くなるから、お菓子の袋がふくらむんじゃ。

また、地球の空気は、山の上のほうにいくほど量が減って、薄くなります。空気が薄いと圧力（気圧）が低くなります。

気圧が低くなると温度も低くなるという性質があるので、これも山の上がすずしい理由のひとつです。

大気のあたたまりかたと、気圧にも理由があるんだね。
山の上がすずしいのは理由がいくつかあったのか！

第7話

この時計、なんとか直らないかな？
やめろ！暴走するぞ！
台風の中!? キャーッ。助けて！
あ！飛ばされた。
ワシらも飛ばされる！

クイズ

今までいちばん強かった台風の風はどのくらい？

ア 最大瞬間風速31メートル。

イ 最大瞬間風速61メートル。

ウ 最大瞬間風速91メートル。

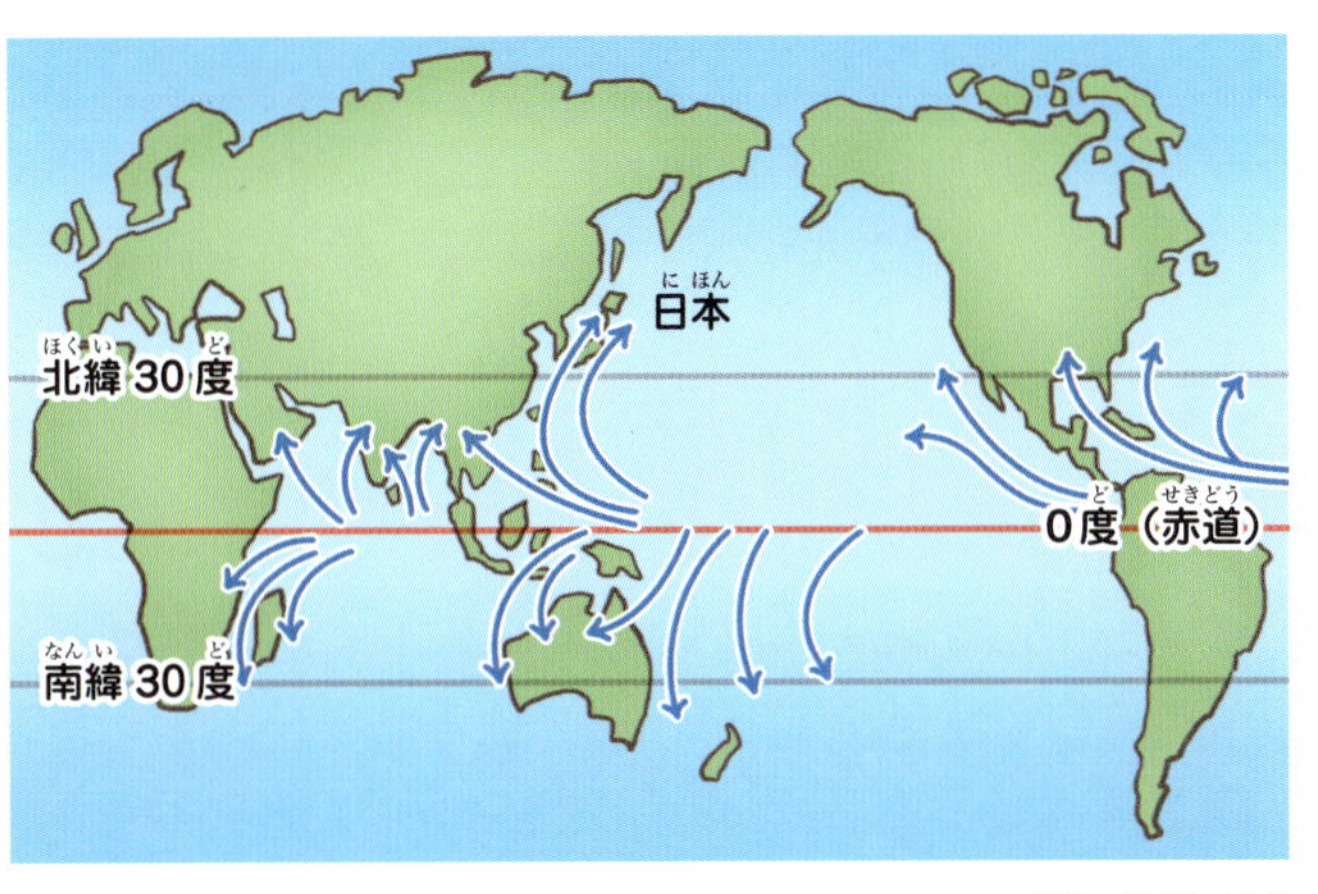
日本
北緯 30 度
0 度（赤道）
南緯 30 度

＊矢印が台風の進路

台風は熱帯の海上で生まれるんじゃ。

台風って、秋に多い気がするね。

どうして秋に台風がくるのかな？

台風は、日本の南の熱帯の海上で生まれるんじゃ。海のしめった空気が蒸発して、どんどん上空に集まっていく。すると、まわりからも渦を巻くように風が集まって、渦巻き状の台風ができるというわけじゃ。

それで、なぜ秋なの？

じつは、台風は一年じゅう生まれておる。日本に向かってきていないだけなんじゃ。夏の終わり頃から、日本に向かっての風がふきだすぞ。

台風は、風にのってやってくるんだね。

答えは次のページ！

答え

ウ 最大瞬間風速91メートル。

【解説】

今までいちばん強かった台風の風は、1966（昭和41）年に富士山頂で観測した、最大瞬間風速毎秒91・0メートル（台風26号）です。最大瞬間風速というのは、瞬間的にふいた風の強さのことです。

風の強さを表すものに、もうひとつ、最大風速があります。これは、10分間の風の強さの平均値です。平地での最大風速の日本記録は、1965（昭和40）年に高知県の室戸岬で観測した、毎秒69・8メートル（台風23号）です。

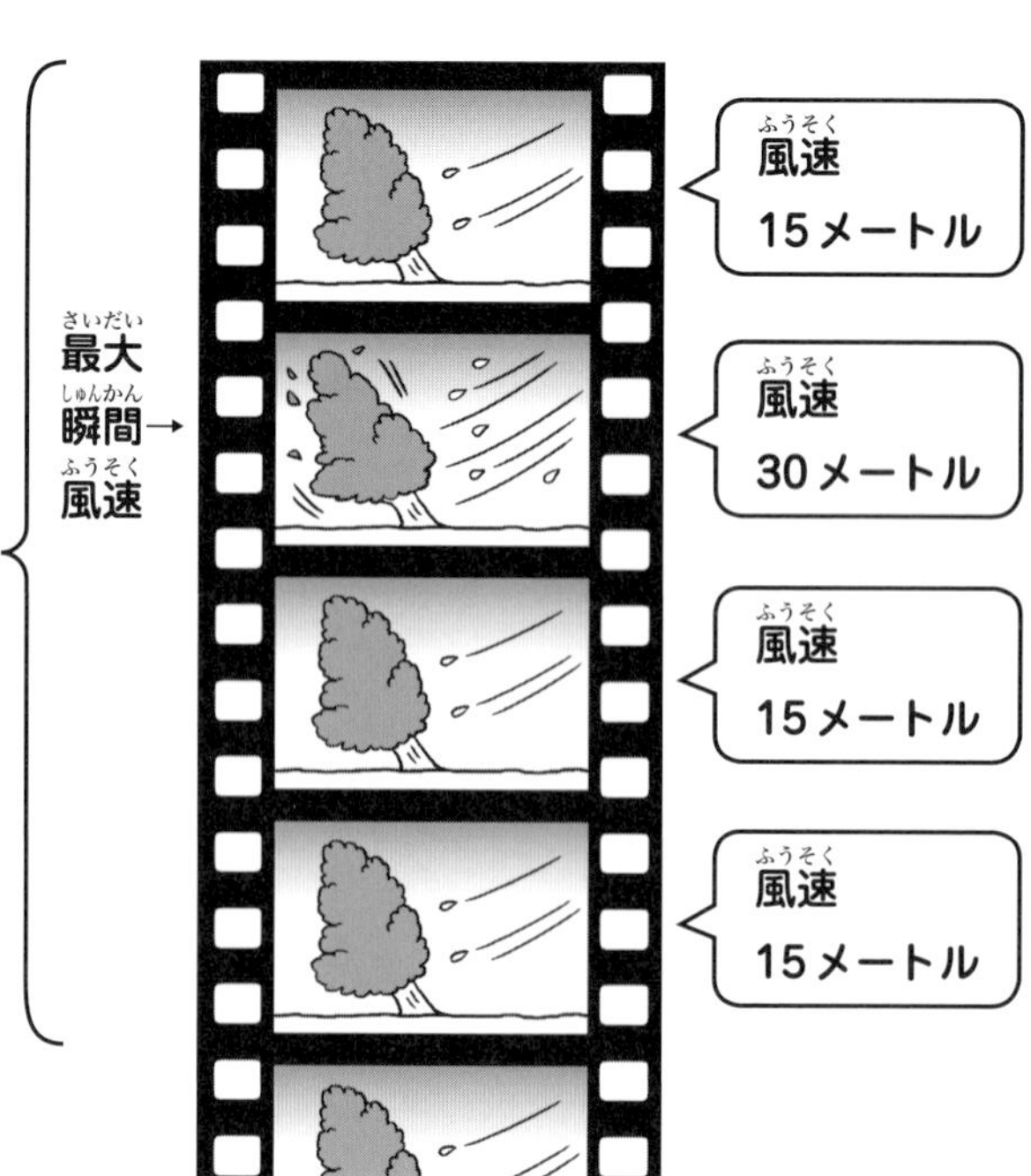

最大風速（平均値）
最大瞬間風速
風速15メートル
風速30メートル
風速15メートル
風速15メートル

毎秒50メートル　毎秒40メートル　毎秒35メートル　毎秒15メートル

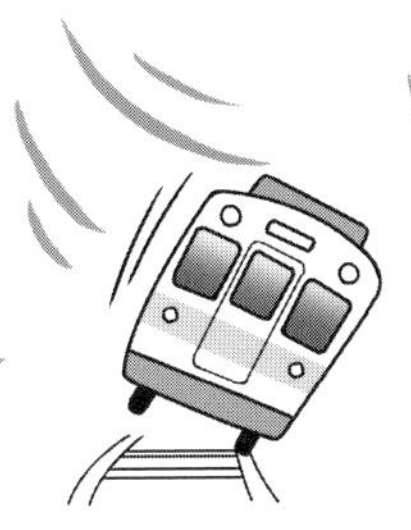

これほどの風がふくと、いったいどうなるでしょうか？

風速が毎秒15メートルになると、風に向かって歩きにくくなります。毎秒35メートルになると、電車が倒れることがあります。毎秒50メートルになると、木造住宅が壊れたり、電柱が倒れたりすることがあります。

自然の力はすごいことがわかりますね。

毎秒40メートルの風で、子どもならふき飛ばされるって！

第8話

今度はどこに来た？
さ……寒すぎる!!

ここは北極か？
どう見ても南極だよな!?
もーいや!!

クイズ

北極と南極、寒いのはどっち？

ア 北極。

イ 南極。

ウ どちらも同じ寒さ。

地球温暖化で北極の氷がとけてきているんだって。

ホッキョクグマって、呼吸のために氷の穴から顔を出したアザラシを、つかまえて食べるんだって。

へえー。知らなかったわ。

それでね、アザラシは食べるんだけど、ペンギンは絶対食べないんだって。どうしてだと思う？

なんでかな？　ペンギンはまずいのかな？

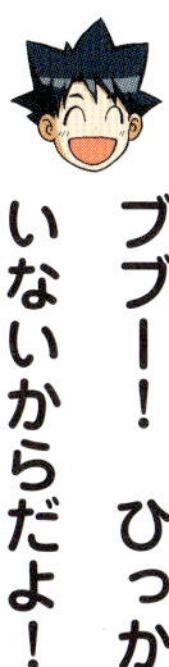

ブブー！　ひっかかった！　ペンギンは北極にはいないからだよ！

なんだ、なぞなぞか！

北極と南極はどっちが寒いか？　これは、なぞなぞではなく、ちゃんと説明できるんじゃよ！

答えは次のページ！

答え

イ　南極。

【解説】

北極も南極も、氷におおわれた真っ白な世界。どちらも寒いことは間違いありませんが、くらべてみると、じつは南極のほうが寒いのです。

１９８３年に南極のボストーク基地（ロシアの基地）では、マイナス89・２度という最低気温が観測されました。いっぽう、北半球ではシベリアのオイミャコンで観測されたマイナス71・２度が最低気温だといわれます。

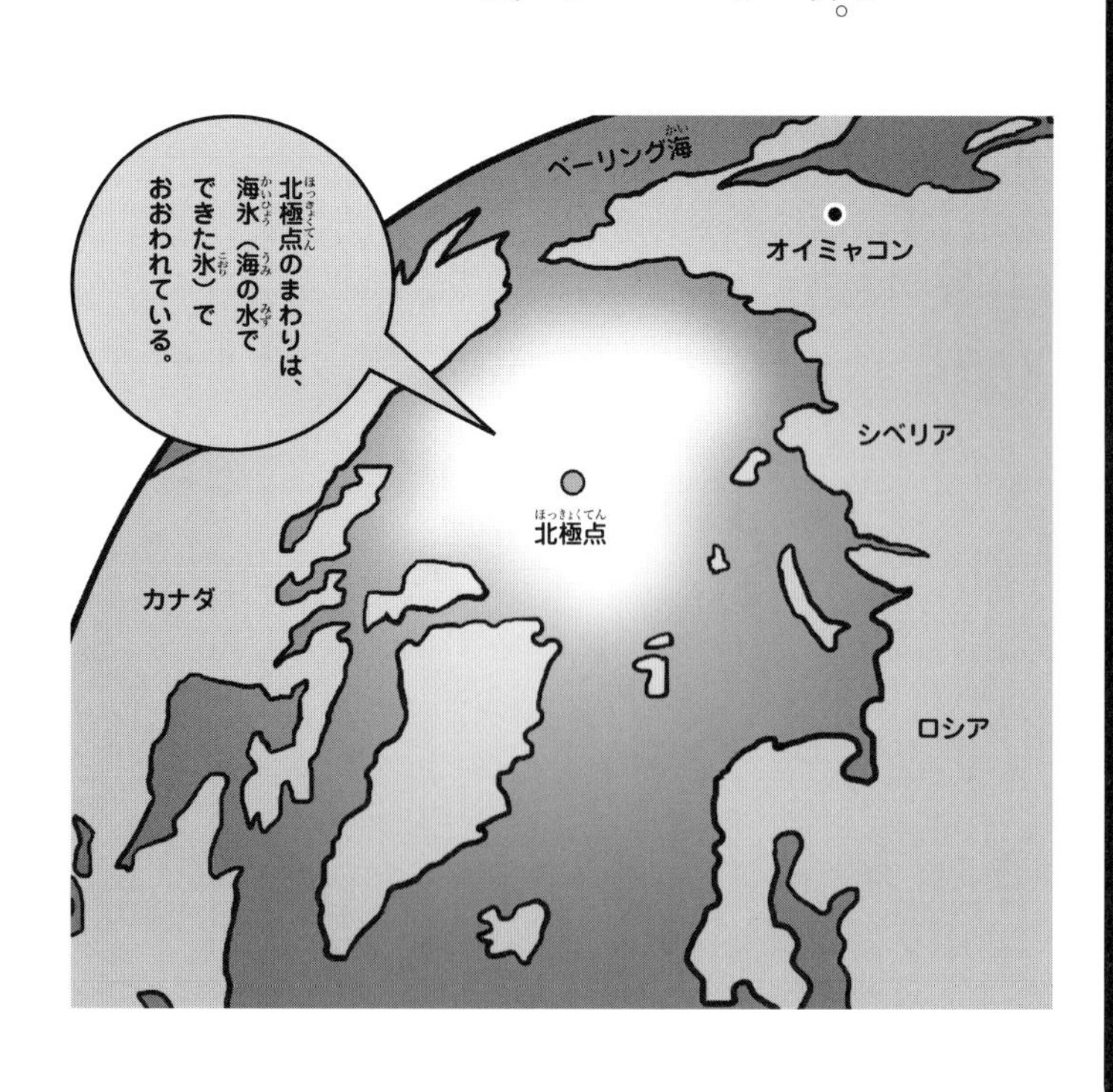
北極点のまわりは、海氷（海の水でできた氷）でおおわれている。
ベーリング海
オイミャコン
シベリア
北極点
カナダ
ロシア

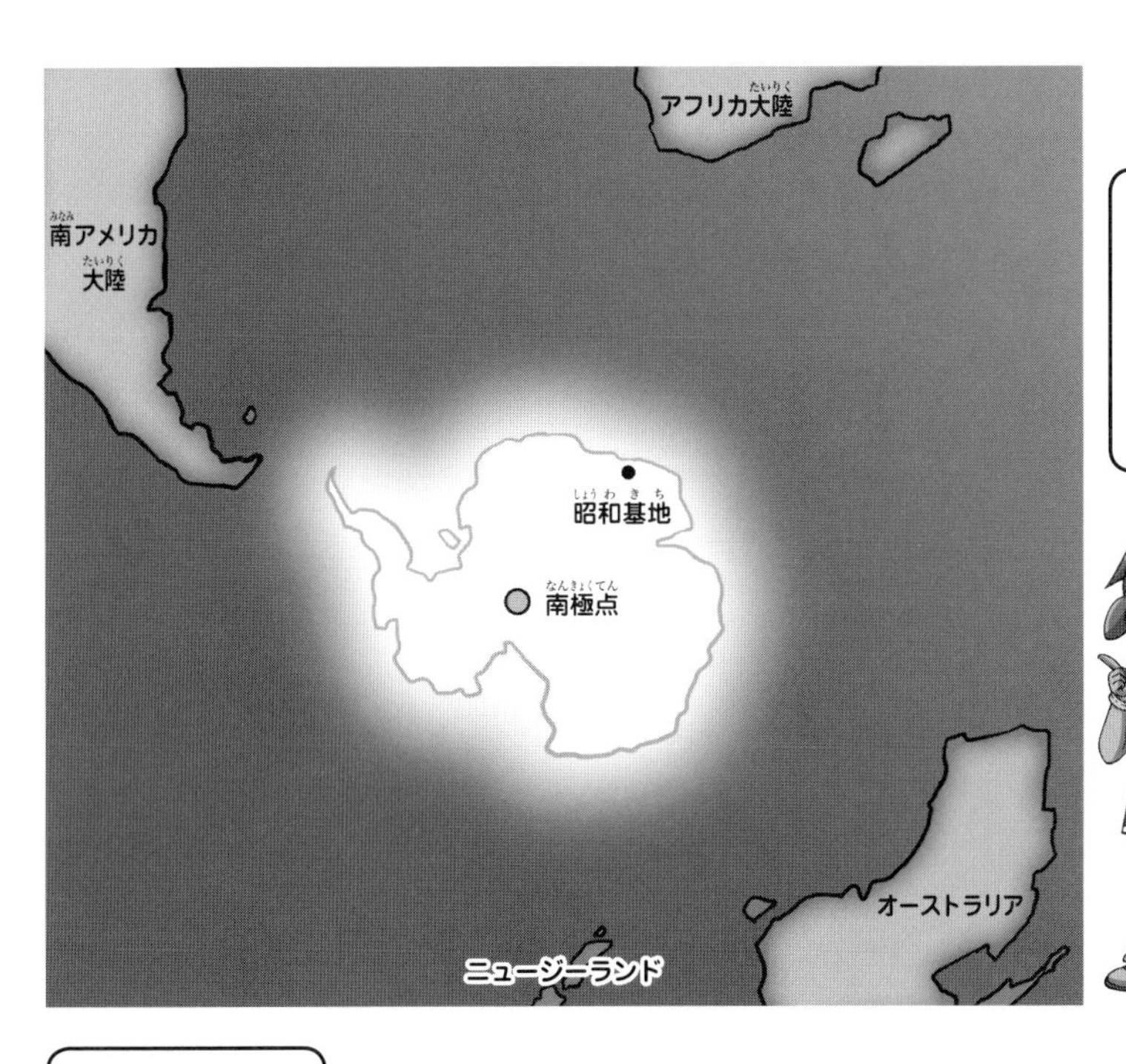
アフリカ大陸
南アメリカ大陸
昭和基地
南極点
オーストラリア
ニュージーランド

南極は大陸なんだね。

どうして、南極のほうが寒いのかというと、南極には陸があって、高地になっているからです。南極大陸の平均の高さは約２５００メートル。陸がなく、海に氷が広がっている北極よりも高地なので、気温は低くなりますね。

また、海と陸をくらべると、海は冷たくなりにくい性質があります。南極でも、海の近くよりも内陸のほうが寒いのです。

海より陸が寒いって、知らなかったな。

ちなみに、日本の昭和基地の最低気温はマイナス45・3度じゃ。

第9話

どうして雪は白いのかな？
水はとう明なのに。
氷もとう明だし、
空気もとう明だな……。
ジオ、しっかり。
寒さに負けちゃダメ。気をたしかに！

クイズ

空気はどうしてとう明なの？

ア　空気のつぶには、色がついていないから。

イ　空気のつぶが、小さすぎて目に見えないから。

ウ　とう明ではなく、じつは青色をしている。

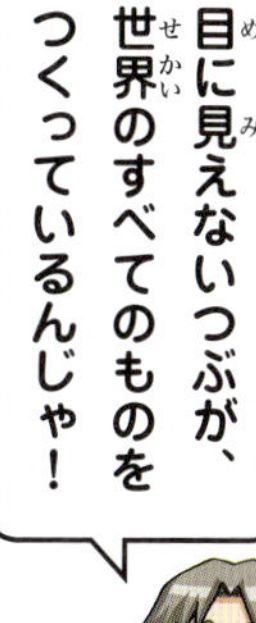
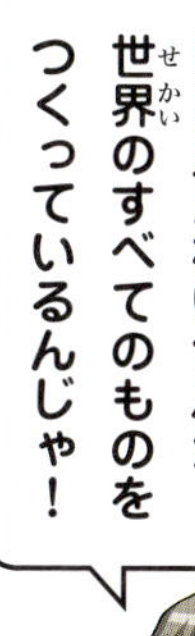
目に見えないつぶが、
世界のすべてのものを
つくっているんじゃ！

どんどん
細かくして
いくと……。
目に見えない
大きさのつぶに
なった！

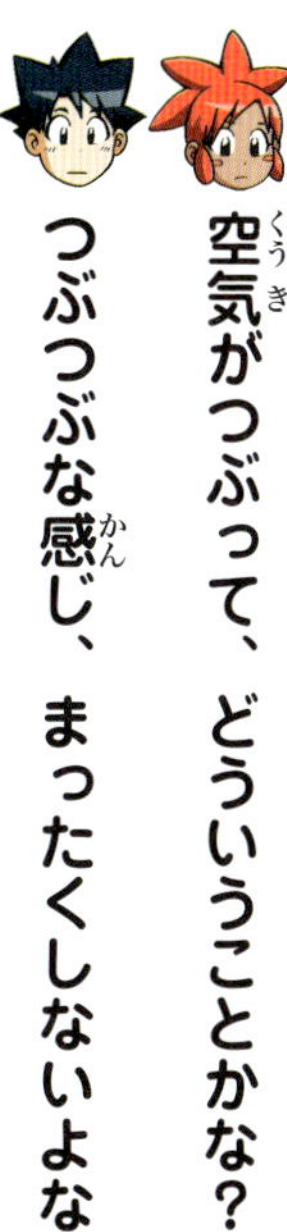
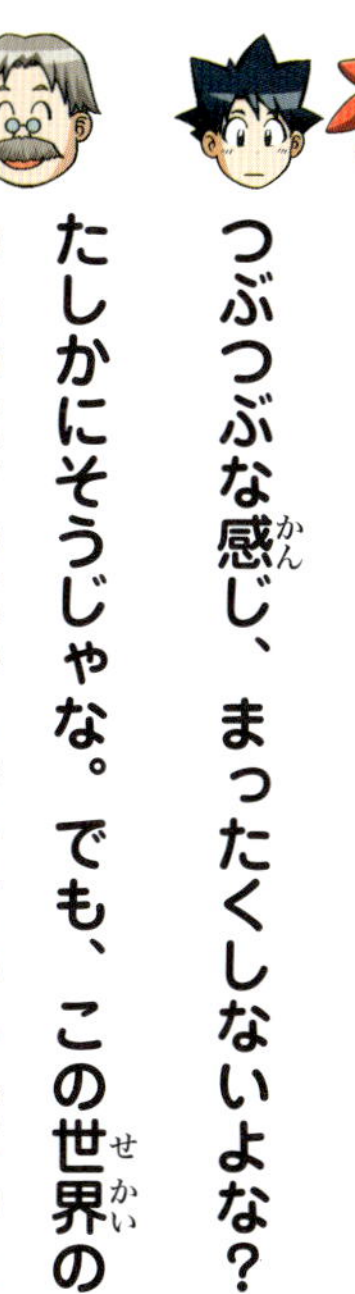

空気がつぶって、どういうことかな？

つぶつぶな感じ、まったくしないよな？

たしかにそうじゃな。でも、この世界のすべてのものは、つぶからできているんじゃよ。

え〜？　信じないよ。

たとえば、この消しゴムを、どんどん細かくしていって、これ以上、細かくできないぐらいまでにする。すると、最後はどうなると思う？

どうなるの？

目に見えないつぶになるんじゃ。我々もみんな、つぶからできているんじゃよ。

答えは次のページ！

答え

ア 空気のつぶには、色がついていないから。

【解説】世界のすべてのものは、小さなつぶが集まってできています。これを原子や分子といいます。空気も、小さなつぶからできています。

空気の成分をみると、ほとんどがちっ素と酸素です。空気中のちっ素はおよそ78パーセントで、酸素が21パーセント。この2つで99パーセントになります。そのほかにアルゴンや二酸化炭素などが含まれていますが、こうした成分のつぶには、色がありません。空気をつくっているつぶのすべてに、色がついていないので、空

原子は、世界のすべてのものをつくっているもとじゃよ。
水素
H
ヘリウム
He
ナトリウム
Na
炭素
C
酸素
O

分子は原子がくっついて、できているんじゃ。

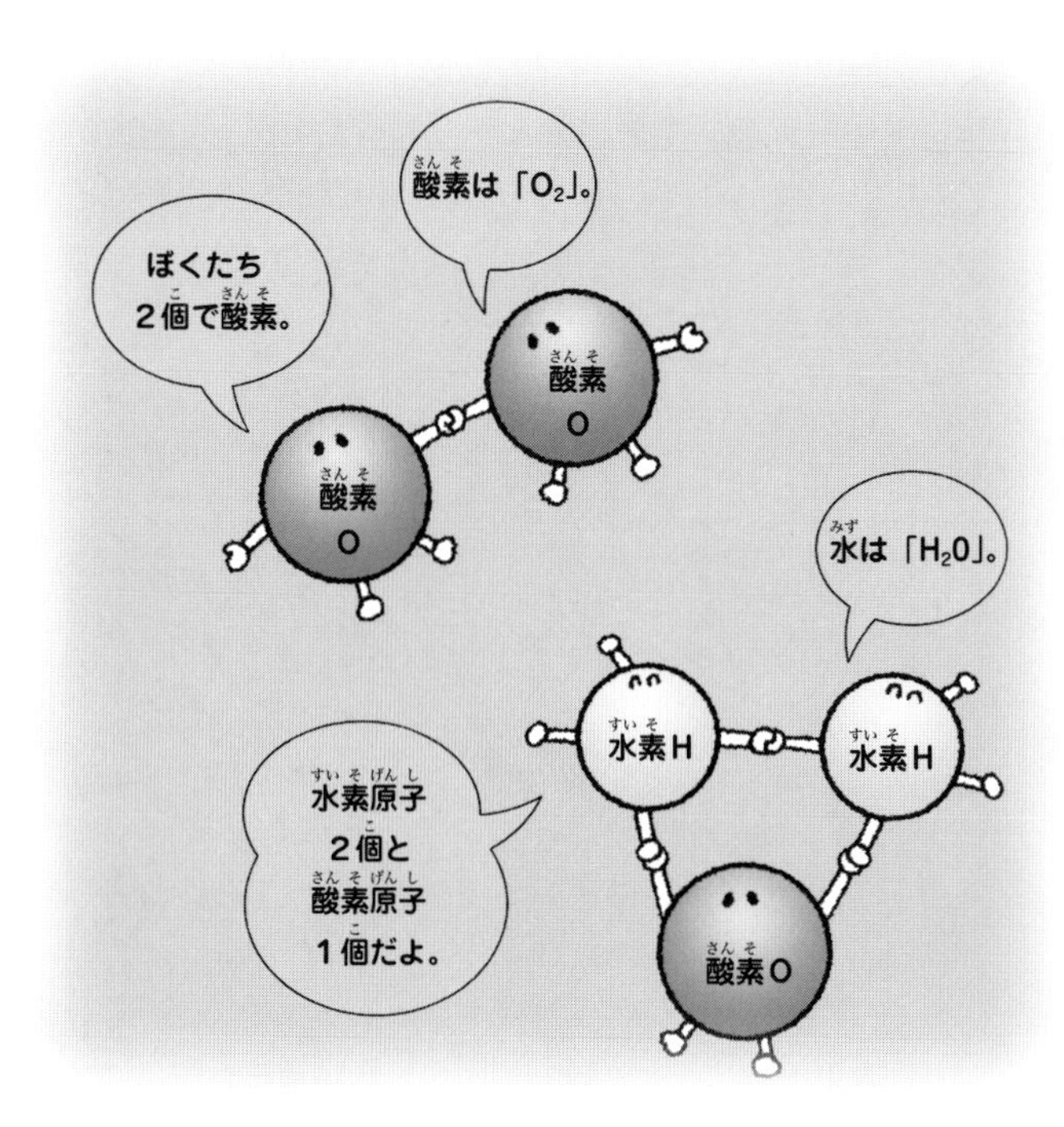
酸素は「O_2」。
ぼくたち2個で酸素。
酸素 O
酸素 O
水は「H_2O」。
水素H
水素H
水素原子2個と酸素原子1個だよ。
酸素O

気はとう明なのです。

　また、空気自体には、においがありません。ただ、花のにおいや、食べ物のにおい、時にはくさいにおいも流れてくることがありますね。それは、においにもつぶがあり、空気のつぶといっしょに流れてくるからです。

世界はつぶからできている!?すごく不思議な感じ!
わたしも目に見えないつぶでできているなんて……。

第10話

えーい！直れ、直れ！
お⁉
いいぞ！いけるかもしれん！

……また海か。
夜の星ってきれいね。
みんな～、助けにきたぞ！

クイズ

どうして昼に星は出てないの？

ア 昼は遠くにいて、夜に近づいてくるから。

イ 月といっしょに星も動いているから。

ウ 昼にも出ているが、見えないだけ。

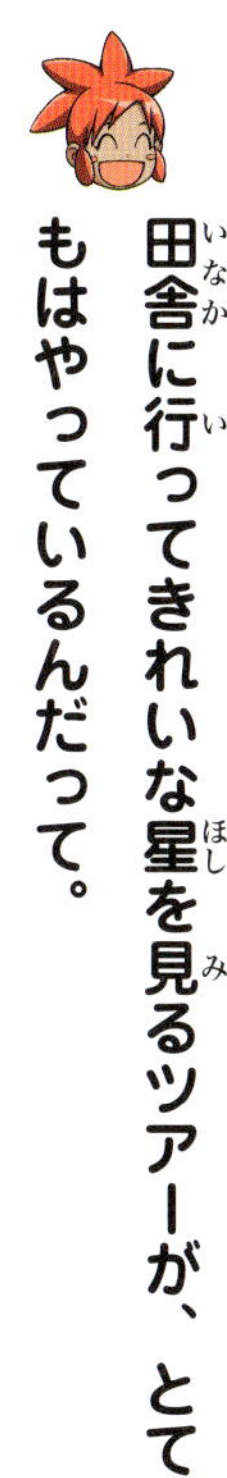
町の光が届かない
山の上は、
星がよく見えるんじゃ。

田舎に行ってきれいな星を見るツアーが、とてもはやっているんだって。

たしかに、都会だと空を見上げても、あまり星は見えないよね。どうして見えないんだろう？

都会は町に光が多いからじゃ。まわりが暗くて、空気がきれいな田舎のほうが、星はよく見えるんじゃな。でも、田舎より、もっと見えるところがあるぞ。

どこ？　どこ？

宇宙じゃ。まわりが暗くて、大気もない。星の光をじゃまするものがないからじゃよ。

宇宙で星を見るツアー、早くできるといいな！

答えは次のページ！

ウ　昼にも出ているが、見えないだけ。

【解説】

夜になると星が出てくるのではありません。昼でも星は空にあるのです。

星の光は、太陽の光とくらべると、とても弱い光です。ですから昼の星の光は、太陽の光に負けてしまって、地上からは見えなくなっているのです。

太陽がしずんで、あたりが暗くなってくると、だんだんと星の光が見えてきます。

夜空の星をながめる時、星座を覚えてみると楽しいでしょう。現在、一般的につかわれてい

太陽
ぼくたちいるんだけど、
見えていないんだね。
地球

シリウス

星座って
ロマンチック
よね。

る星座の数は88個。星座をかたちづくる星の中でも、冬の空に輝くおおいぬ座のシリウスという星がいちばん明るく見えます（星の明るさの単位で表すと、マイナス1・5等級）。

ちなみに、地球から見て最も明るく見える星は、もちろん太陽です。星の明るさの単位で表すと、マイナス26・7等級です。次に明るいのが月で、こちらは満月の時でマイナス12・6等級になります。

等級は数字が
小さいほど明るい。
1等級ちがうと、
明るさは2・5倍
ちがうんじゃ。

自然のサバイバル

1

白い砂浜の正体はさんごのかけら？

白っぽい石が細かくくだけて白い砂浜になっている場所もあるけれど、沖縄など南の島にあるものは、海岸に打ち寄せられたさんごや貝がらのかけらが白い砂の正体であることが多いよ。

2

雨つぶの形はあんまんのような形！

雨つぶの形は、本来はまん丸の形をしている。でも、空からふってくると、下から空気におされるためにつぶれて、まるであんまんのような形になっているんだよ。

3

1年中雨がふらない町！

アフリカのスーダンという国にあるワディハルファの町は、ほとんど雨がふらない町として知られているよ。1年のうち、1日も雨がふらない年もあるんだって。

自然に関するビックリする豆ちしきを集めたよ！

ビックリ豆ちしき！

4

日本で2番目に高い山は？

日本でいちばん高い山は3776メートルの富士山だということはみんな知っているはず。でも、2番目に高い山を知っている人は少ないんじゃないかな。答えは、山梨県にある北岳。高さは3193メートルだ。

5

曲がっている川は内側より外側が速い！

まっすぐな川では、はしっこよりも真ん中のほうが流れが速い。でも、曲がっている川では内側よりも外側のほうが速いんだ。川遊びする時は注意しよう！

6

南極に温泉がある！

氷だらけの世界に思える南極だけど、じつは氷がない場所もあるし、火山もある。南極海にあるデセプション島は、火山のふんかで生まれた島だけれど、ここには天然の温泉がわき出ているよ。

南極の温泉、入ってみたいかも！

身近な科学のサバイバル

「幽霊屋敷」のうわさを聞いて、
さっそく探検にやってきたジオとピピ。

幽霊屋敷はここか。

何が出るかな～？

はたして2人は、
無事に戻ってこられるかな？
みぢかな科学のクイズを解きながら、
いっしょに探検しよう！

第1話

バタン

開かなくなったぞ。
あっ、見て！

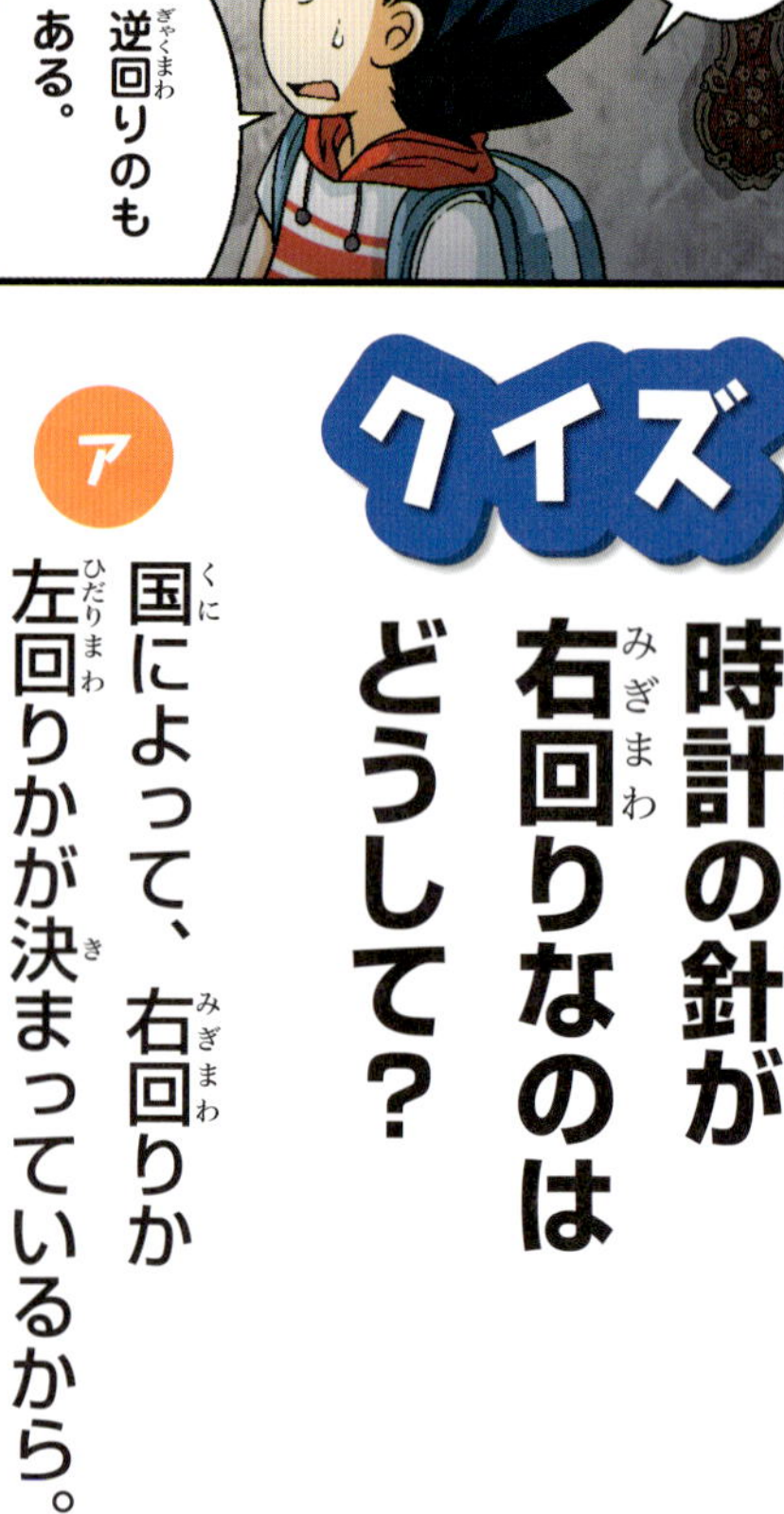
変な時計がいっぱいだ。
逆回りのもある。

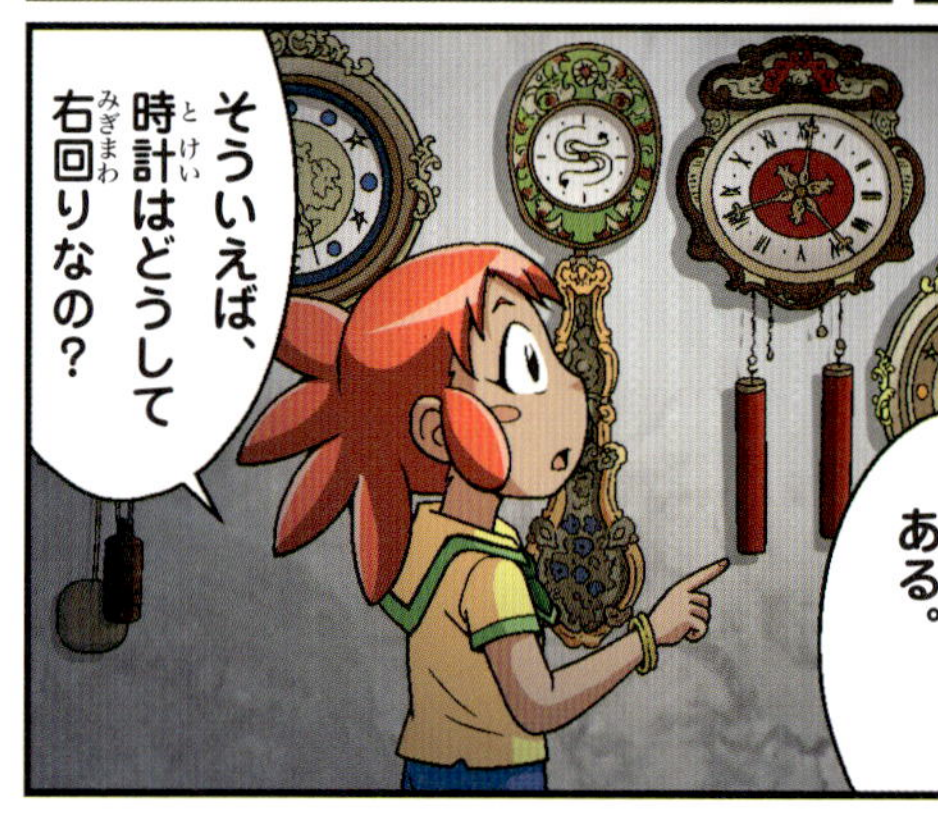
そういえば、時計はどうして右回りなの？

クイズ

時計の針が右回りなのはどうして？

ア 国によって、右回りか左回りかが決まっているから。

イ 最初にできた時計が、右回りだったから。

ウ 右利きの人が多いから。

時計の進化を見てみるぞ。
水時計・砂時計
穴の開いた容器に水や砂を流して、減り具合で時間を計る。
日時計
影の位置と長さで時間を計る。
機械時計
ふりこやぜんまいなど、機械のしくみで時間を計る。
クオーツ時計
水晶（石英の結晶）に電気を流すと、規則正しく振動するため、その振動を利用して時間を計る。

時計っていつからあるの？

最初の時計は、今から約6千年前のエジプトでできたといわれているのじゃ。

そんなに昔からあったんだ！

その頃、人類は農業を始めたので、種をまく時期を知る必要があった。そこで、時を知るために時計をつくったのじゃ。

最初の時計って、どんなものだったの？

「日時計」じゃよ。地面に棒を立て、棒の影の長さや角度で、時間を計ったんじゃ。

もしかして、時計の針の動きは、影の動きと関係があるのかな？

答えは次のページ！

最初にできた時計が、右回りだったから。

【解説】

時計の針が右回りなのは、最初にできた「日時計」が、右回りだったからです。

日時計は、太陽でできる影の位置で、時刻を知る時計です。最初に日時計ができたエジプトは、地球の北半球にあり、太陽の影の動きは右回りになります。

この日時計の文字盤が、のちの機械時計に受け継がれたので、時計の針は右回りになったのです。

太陽は東からのぼって西にしずむ。
ほんとだ！影が時計回りになってる！
東
西
北

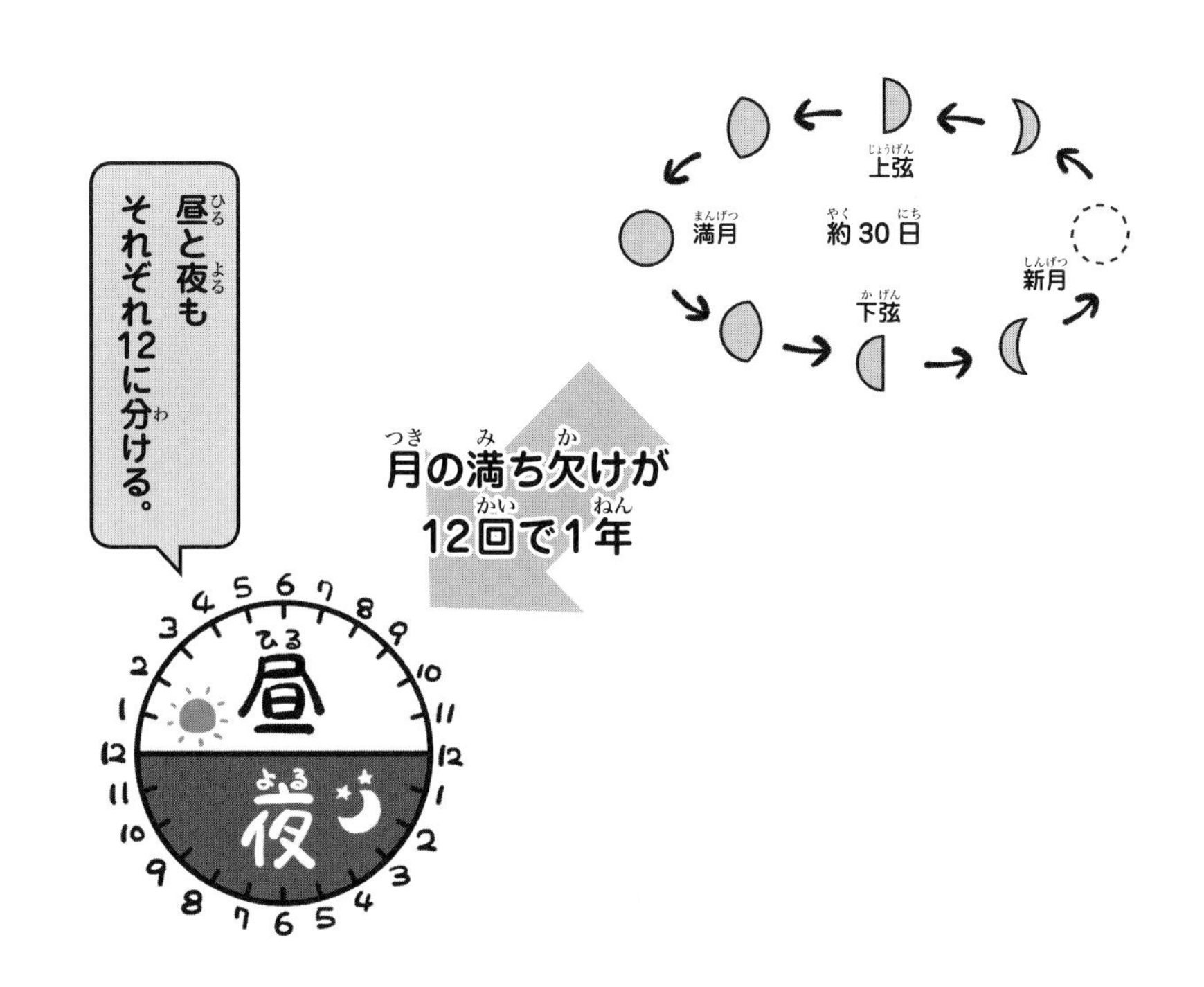
上弦
満月
約30日
新月
下弦
月の満ち欠けが
12回で1年
昼と夜も
それぞれ12
に分ける。
昼
夜

古代の人々は、月の満ち欠けの周期を12回繰り返すと、季節がひとめぐりして、1年になるということを知っていました。

古代エジプトでは、この12という数字を時間の区切りを表す数として大切にしていました。そこで、日時計の目盛りも12に分けました。つまり、太陽の出ている昼の時間を12に分けたのです。

のちに、夜の時間も12に分けられ、1日は24時間とされました。この分け方が、現代まで受け継がれているのです。

時間には天体の
動きが関係して
いたんだね。

第2話

うわあああ〜。
ジオ!!

壁が磁石になってる！リュックの中の鉄がくっついたんだ！
変な家だね。

クイズ

棒磁石を半分に切るとどうなるの？

ア　切ってできた端は、鉄を引き付けなくなる。

イ　切ってできた端も、鉄を引き付けるようになる。

ウ　磁石としての力がなくなり、両端とも、鉄を引き付けなくなる。

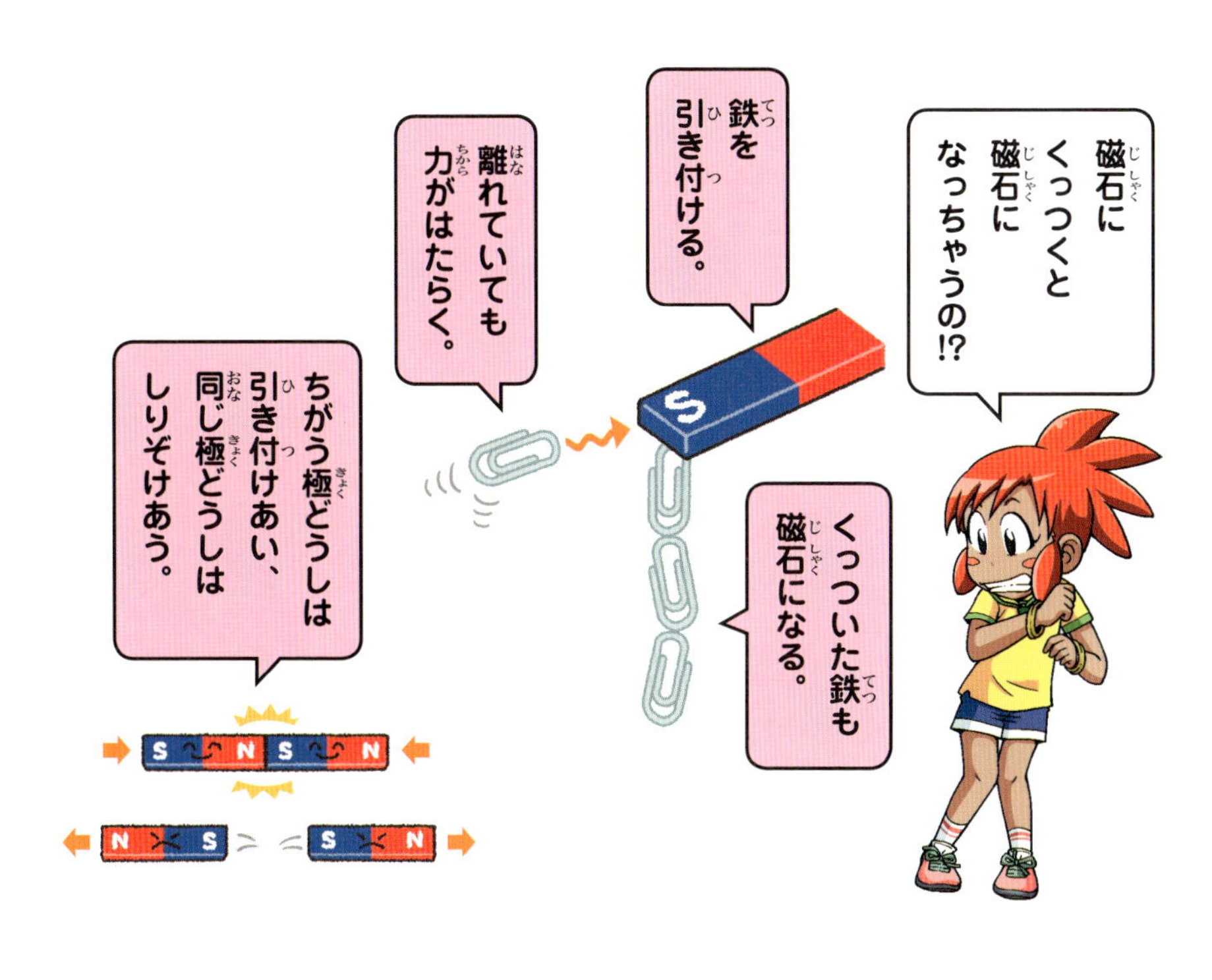
磁石にくっつくと磁石になっちゃうの!?
鉄を引き付ける。
離れていても力がはたらく。
S
くっついた鉄も磁石になる。
ちがう極どうしは引き付けあい、同じ極どうしはしりぞけあう。
S N S N
N S S N

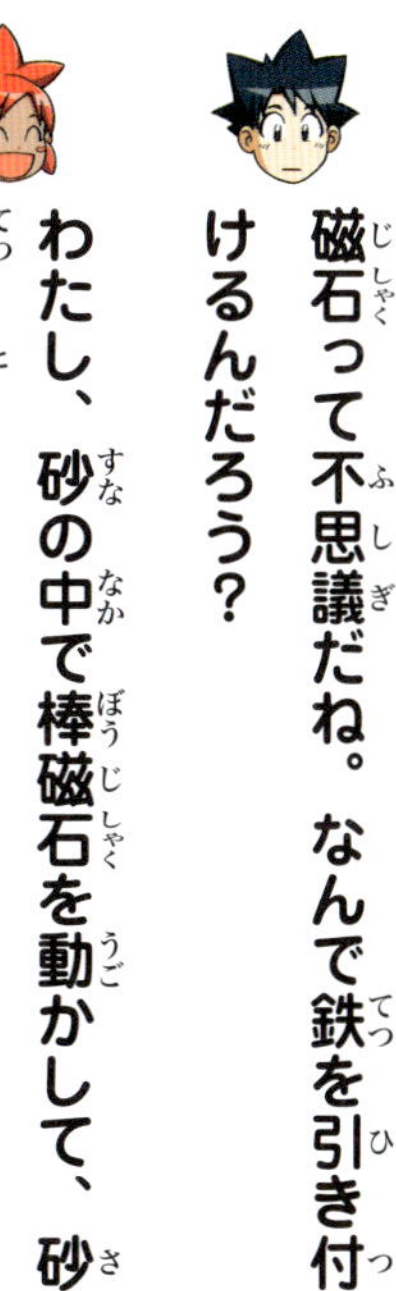

磁石って不思議だね。なんで鉄を引き付けるんだろう?

わたし、砂の中で棒磁石を動かして、砂鉄を採ったことがあるよ!

砂鉄はおもに鉄でできているから、磁石にくっつくんじゃな。棒磁石の端のほうは、鉄をよく引き付けるんじゃ。この端の部分を「極」と呼ぶぞ。

S極とN極だね。

棒磁石の真ん中部分は、あまり砂鉄がくっつかなかったけど、真ん中には、鉄を引き付ける力がないのかな?

答えは次のページ!

答え

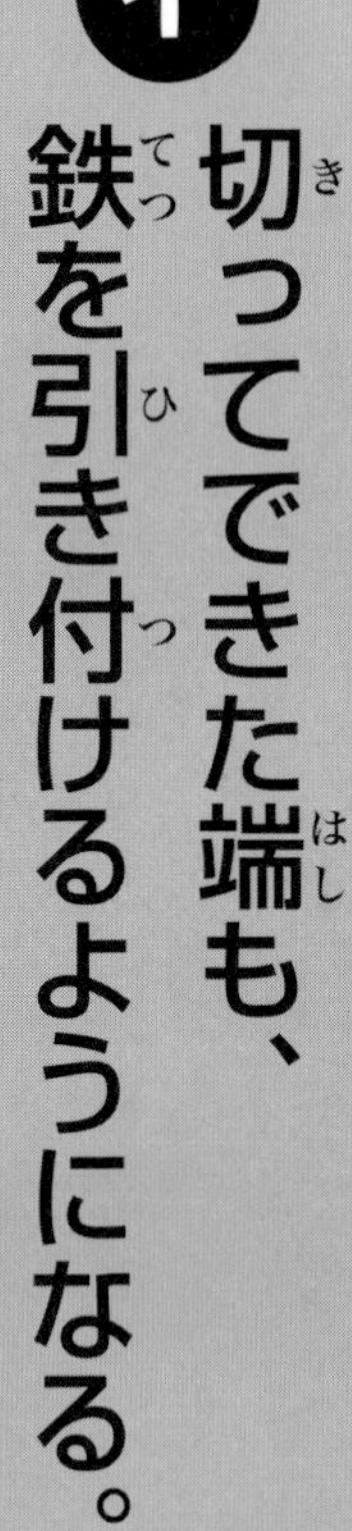
イ
切ってできた端も、
鉄を引き付けるようになる。

【解説】
棒磁石を切ると、切ったところが新たにS極やN極になり、鉄を引き付けるようになります。すべての物質は「原子」と呼ばれる、ふつうの顕微鏡では見えないほど小さいつぶでできています。磁石も原子でできていますが、原子のつぶのひとつひとつが磁石の性質を持っています。だから、棒磁石を2つに切っても、鉄を引き付ける力が失われることはありません。

磁石は小さな磁石のつぶ（原子）が集まったもの。

S　N

S　N　　S　N

切った端に、新たに極が現れる。

磁石はいくらでも小さくできるんじゃよ。

じゃあ
方位磁針は
どうして北を
向くの？

棒磁石を自由に動けるようにすると、N極は北に、S極は南に向きます。

これは、地球そのものが磁石の性質を持つからです。地球の北極側がS極、南極側がN極になっているので、磁石のN極が地球の北に、S極が地球の南に引き付けられるのです。

方位磁針は、
磁石のN極が
北に向く性質を
利用しているよ。

地球は大きな
磁石だったのか！
S
N
N
S
N
S
N極は北に向く。
S極は南に向く。

第3話

見て！
向こうからだれか来る！

あっ、なーんだ。

鏡に映ったわたしたちの姿だ。

クイズ

どうして鏡には、ものが映るの？

ア　鏡に当たった光を、そのままはね返すから。

イ　ビデオのように、鏡の前のものを映し、その映像を流しているから。

ウ　前にあるものと同じ色になる特殊な素材でできているから。

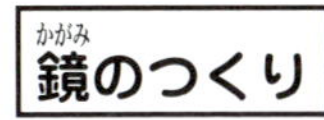
鏡のつくり

わりと簡単なつくりだね。

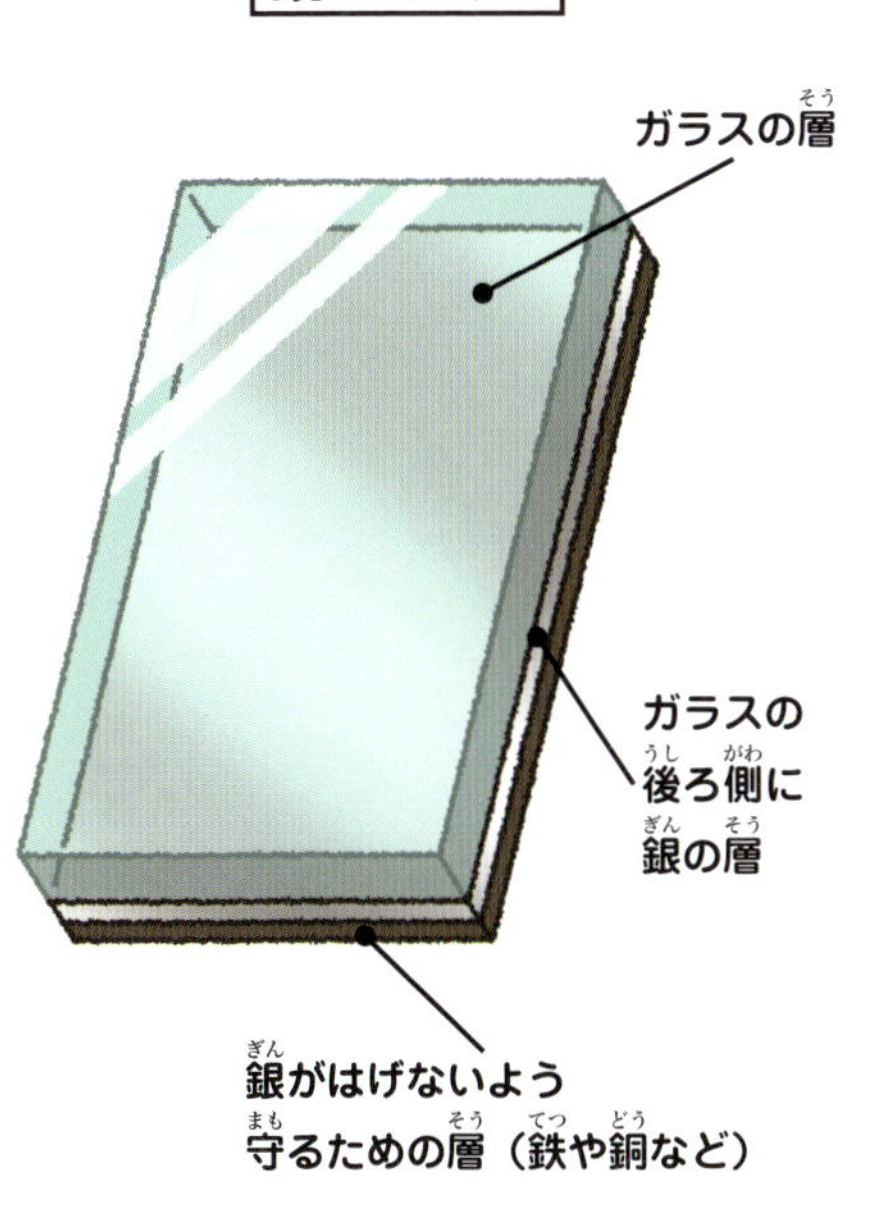
ガラスの層
ガラスの後ろ側に銀の層
銀がはげないよう守るための層（鉄や銅など）

ガラスには銀の表面をつるつるのまま保つ役割があるぞ。

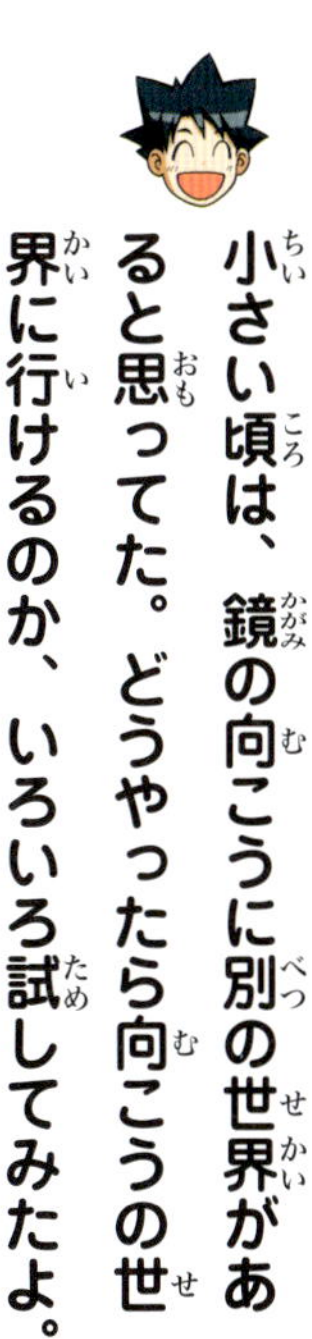

小さい頃は、鏡の向こうに別の世界があると思ってた。どうやったら向こうの世界に行けるのか、いろいろ試してみたよ。

ええっ！　向こうの世界に行けたの？

ダメだった……。

はははは、残念じゃったな。ところで、鏡は何からできているか知っておるか？

うーん。表面はガラスみたいだけど……。

そう。一般的な鏡は、ガラスの裏面に銀をはってつくるのじゃ。

どうして銀をはると鏡になるの？

それが今回のクイズのポイントじゃよ。

答えは次のページ！

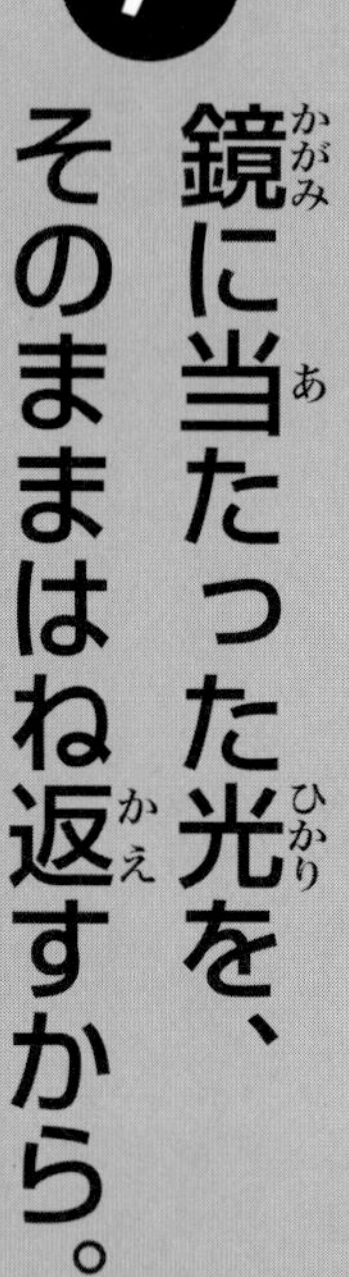

ア 鏡に当たった光を、そのままはね返すから。

【解説】

ものを見るということは、目に入ってくる「光」を見るということです。だから、光のまったくない暗やみでは、人はものを見ることができません。

鏡のガラスの裏面にはられた銀は、ほぼすべての光をはね返す性質があります。これを「反射」といいます。鏡にものが映るのは、この反射した光を見ているのです。

鏡に自分の姿を映すと、鏡に当たった光が反射して、自分の目に戻ってきます。そのため、

鏡を見る時は、はね返った光を見ている

自分の姿を自分の目で見ることができます。

表面がつるつるでなめらかな金属は、鏡のようにものを映します。これは、光をよく反射するためです。

スプーンも金属でできているので、鏡のように顔を映すことができますが、顔がゆがんで見えたり、逆さになって見えたりすることがあります。これは、スプーンの形が曲がっているためです。

光の反射って
ふしぎだね

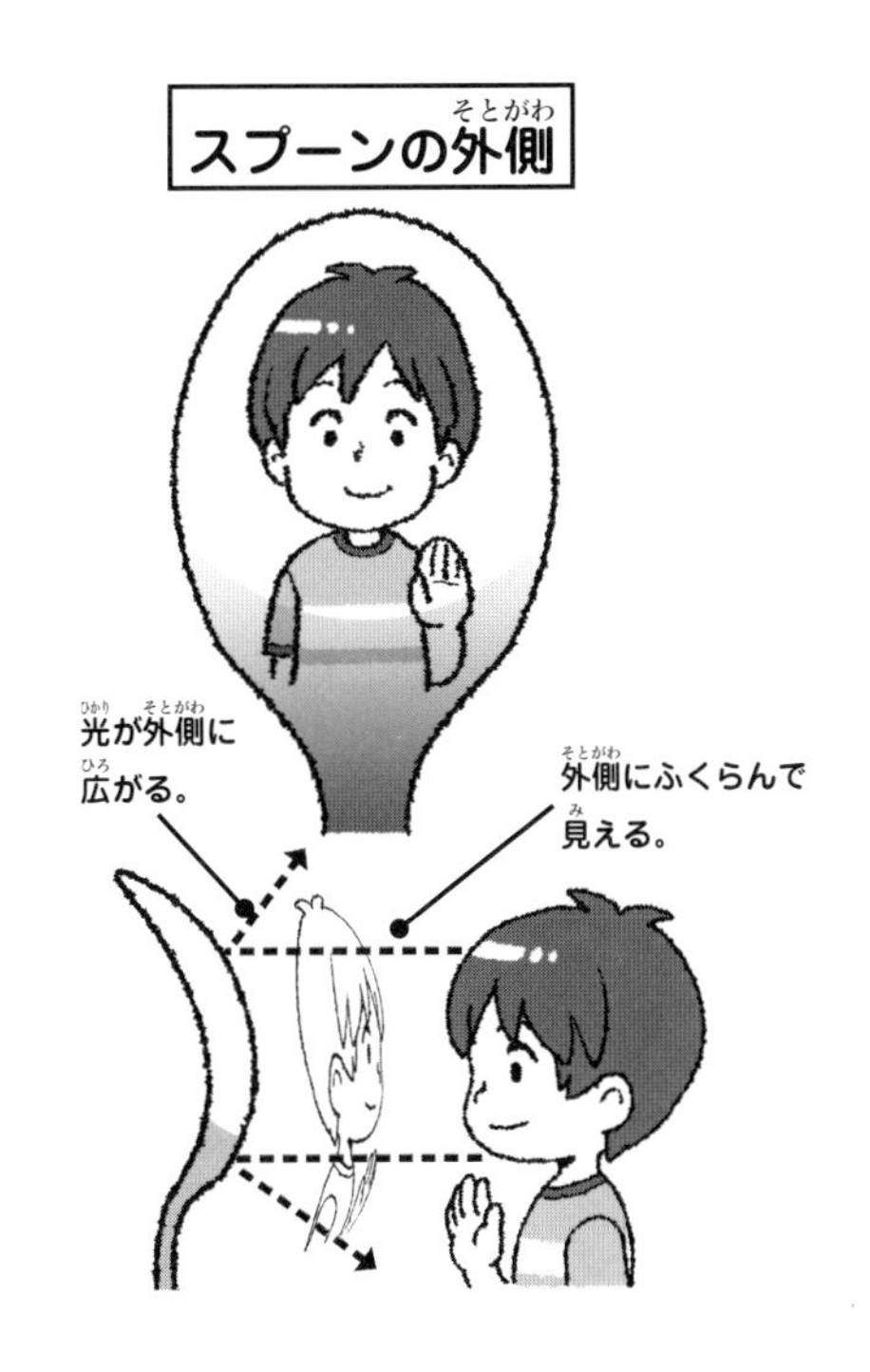

スプーンの外側
光が外側に
広がる。
外側にふくらんで
見える。

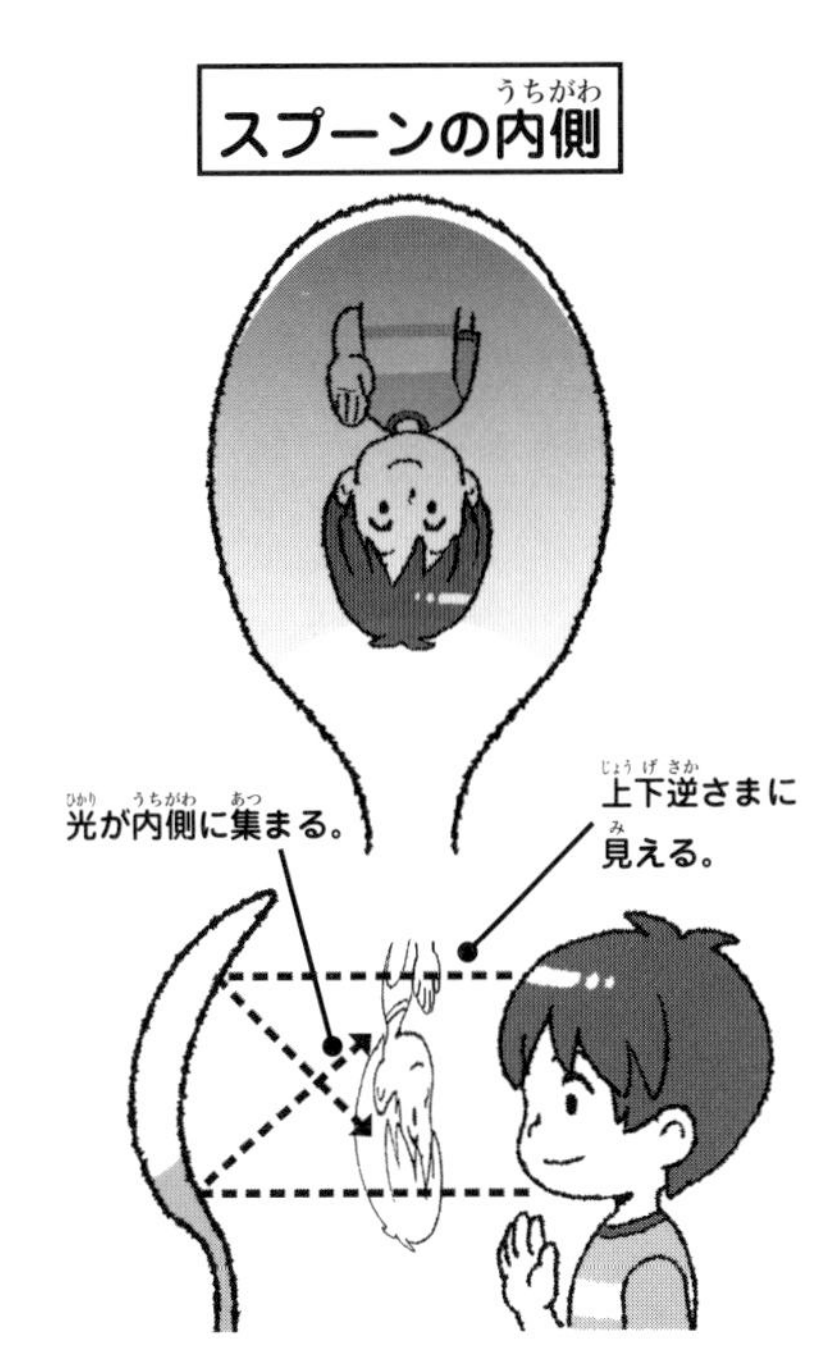

スプーンの内側
光が内側に集まる。
上下逆さまに
見える。

第4話

出口がないぞ。
おなかすいたよ〜。

チョコがあったかも。

だめだ。ドロドロにとけてる。
いいからちょうだい！

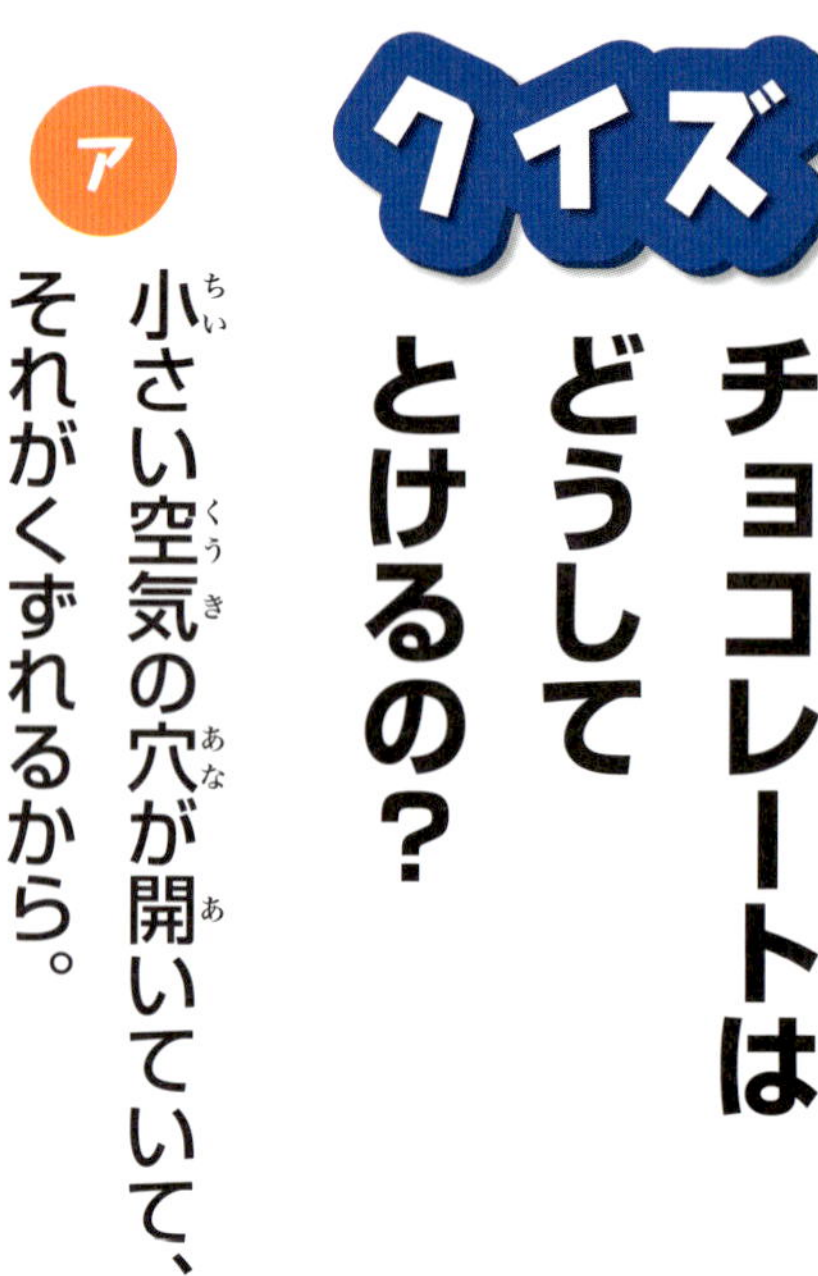

クイズ

チョコレートはどうしてとけるの？

ア 小さい空気の穴が開いていて、それがくずれるから。

イ 空気に触れるととける成分が入っているから。

ウ チョコレートに含まれている油分が、温まるととけるから。

チョコレートはカカオの種からつくるんだね！
チョコレート大好き～！
カカオの種（カカオ豆）
カカオマス
カカオバター
MILK
砂糖やミルクなど
チョコレートのできあがり

チョコレートって、何からできてるのかな？

チョコレートの原料は、カカオという植物の種じゃ。カカオ豆ともいわれるぞ。カカオの正式な名前は、「テオブロマ・カカオ」。テオブロマは、「神さまの食べ物」という意味なんじゃよ。

どうりでおいしいはずだね。

カカオの種をすりつぶしてできたカカオマスに、カカオバターや砂糖やミルクを足したものが、チョコレートじゃ。

カカオバターって、バターみたいなもの？

カカオマスの脂肪分だけを取り出したものじゃよ。バターも牛乳の脂肪分じゃから、仲間みたいなものじゃな。

答えは次のページ！

ウ チョコレートに含まれている油分が、温まるととけるから。

【解説】

チョコレートがとけるのは、チョコレートに多く含まれているカカオバターがとけるからです。カカオバターは、カカオの脂肪分（油）で、30度くらいでとけます。

人間の体温は36度くらい、暑い日の気温は30度くらいなので、長いあいだ手で持っていたり、暑い日に外に置いていたりすると、チョコレートはとけてしまいます。

一度とけたチョコレートは、もう一度固めても、味が落ちてしまいます。とけないように気をつけてくださいね。

チョコレートは、口の中でとけるからおいしいんだよ。
夏は冷蔵庫に入れておこう！

鉄や金もとけるのか！
温度をどんどん上げていくと金属もとけるんじゃ。
タングステン
3407度
石英ガラス
約1600度
鉄
1536度
GOLD
金
1064度
銀
962度
BUTTER
バター
バター
約30度
オリーブ油
0～6度
水
0度

ものがとける温度を「融点」といいます。この温度は、ものの種類によって決まっています。たとえば、水の融点（氷から液体の水になる温度）は0度です。冷蔵庫は5度くらい、冷凍庫の温度はマイナス20度くらいです。だから、水は冷凍庫では氷になりますが、冷蔵庫では、液体のままなのです。

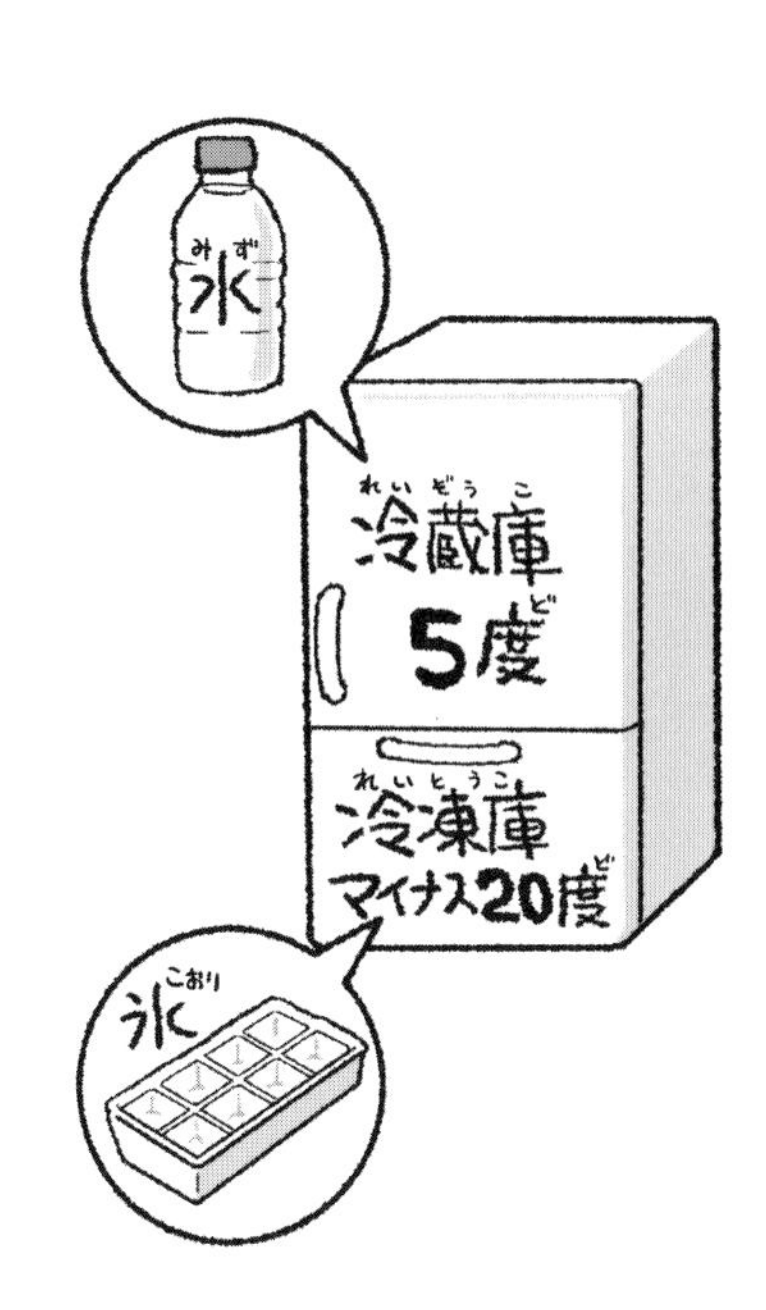
水
冷蔵庫
5度
冷凍庫
マイナス20度
氷

第5話

ホコリ
だらけだ。
だれも住んで
ないのかな？

あっ、あそこは
ホコリがないぞ。
行って
みよう！

クイズ

ホコリはどうして家の中にたまるの？

ア　おもに窓の外から風にのってやってくる。

イ　おもに虫が運んでくる。

ウ　おもに空中をただよっていたもののかけらが落ちてたまる。

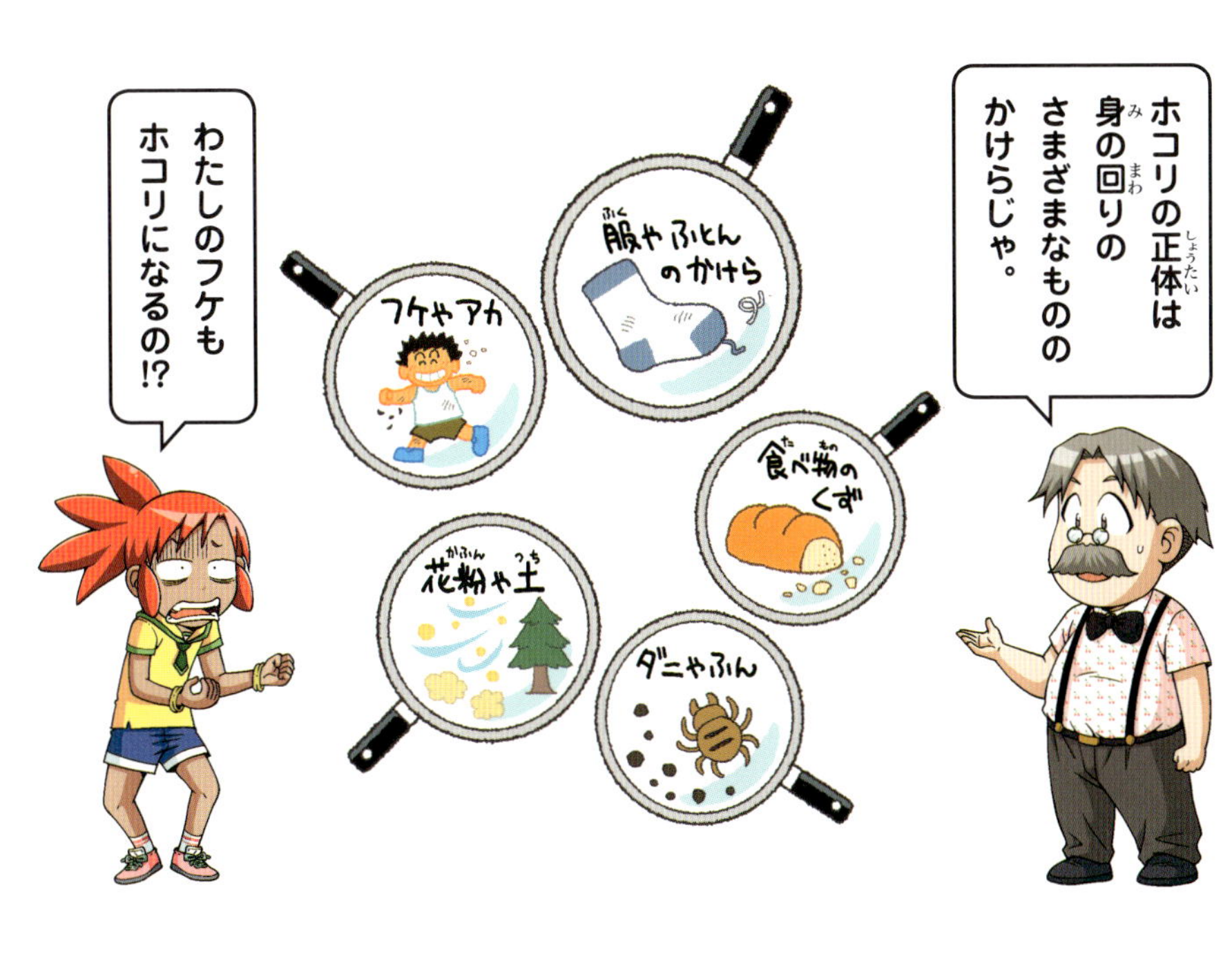
ホコリの正体は身の回りのさまざまなもののかけらじゃ。
わたしのフケもホコリになるの!?
服やふとんのかけら
フケやアカ
食べ物のくず
花粉や土
ダニやふん

ホコリって、そうじしてきれいにしても、すぐにたまってしまうよね。いったいどこから来るのかな。

風がふくとふわっと舞い上がるから、外から入ってくるんじゃないの？

う～ん、でも、窓を閉め切った部屋でも、ホコリがたまるよ。

2人とも、なかなかいい推理をしておるな。

どうせすぐホコリがたまるんだから、もうそうじなんかしなくていいよね。

コラコラ。そういう問題じゃないぞ。

答えは次のページ!

答え

ウ おもに空中をただよっていたもののかけらが落ちてたまる。

また、ゆかに落ちたホコリは、風がふくと部屋のすみに集まるので、すみっこはホコリがたまりやすいのです。

【解説】

ホコリは、人間が出すアカやフケ、洋服の糸くずやふとんから出るわたくず、食べ物のかすなどの小さなかけらでできています。また、そのかけらをエサにするダニや、そのフンも含まれています。つまり、人間の活動がホコリを生んでいるのです。

これらの小さなかけらは、いつも空中をただよっていますが、時間がたつとともにゆっくり落ちて、ゆかやつくえの上にたまっていきます。

人間がホコリを出してるのか。
バタ
バタ

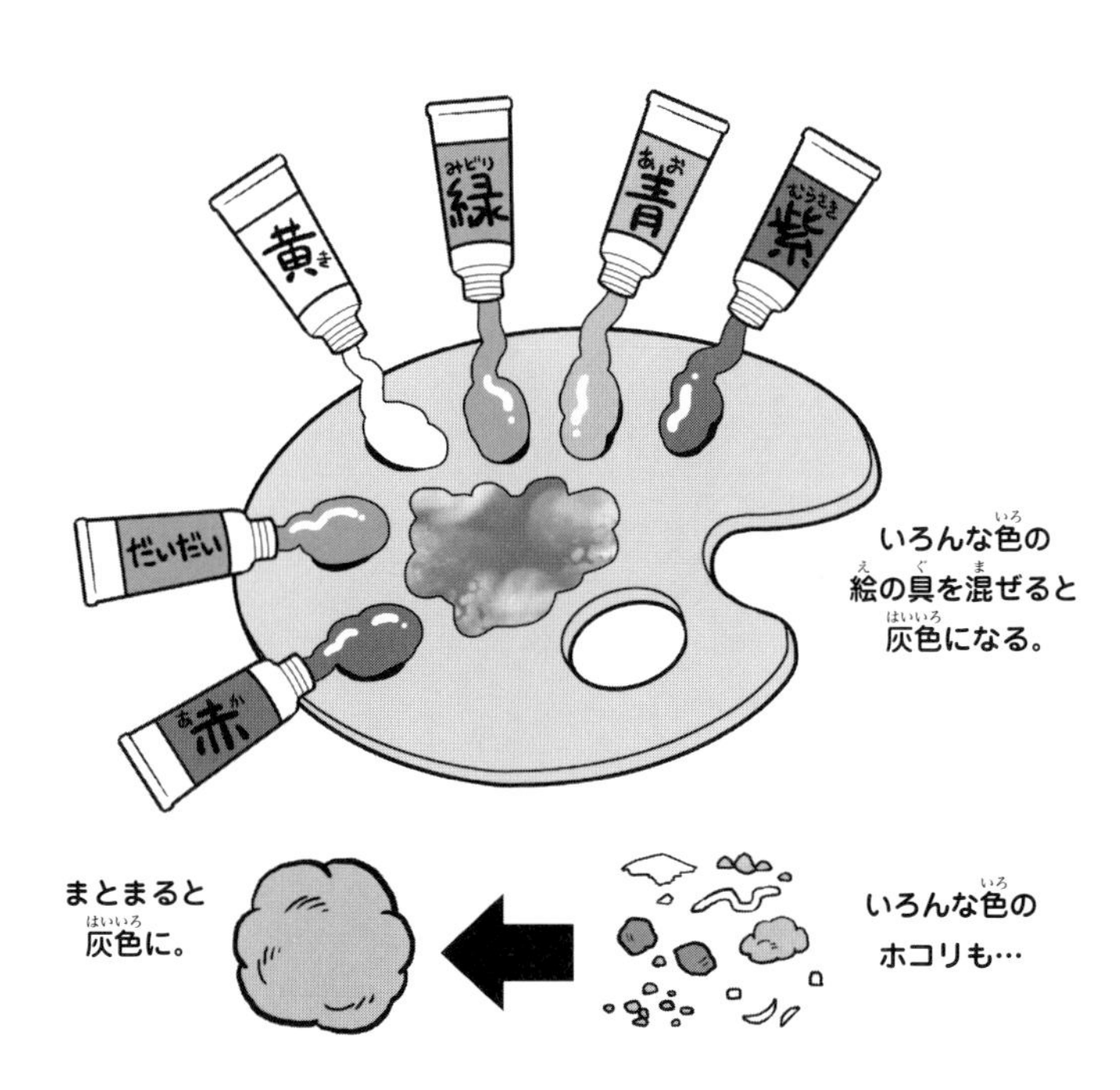
黄
緑
青
紫
だいだい
赤
いろんな色の
絵の具を混ぜると
灰色になる。
いろんな色の
ホコリも…
まとまると
灰色に。

ホコリはいろんなもののかけらなのに、ホコリが集まると灰色に見えます。どうしてでしょう。

これには、色のひみつが関係しています。さまざまな色が混ざると、どんどん灰色に近くなっていきます。たとえば、全部の色の絵の具を混ぜると、灰色になります。

それと同じで、ホコリはいろんな色の小さいかけらが混ざっているので、灰色に見えるのです。

いろんな色が
混ざると、
灰色になるのね。

第6話

ここは台所だね。

やった！コーラがある！

そうなると思ったよ。
うわっ！
プシュッ

クイズ

コーラはどうしてあわが出るの？

ア　コーラにとけていたガスが、あわになって出てくるため。

イ　コーラの中の成分が空気と反応して、あわができるため。

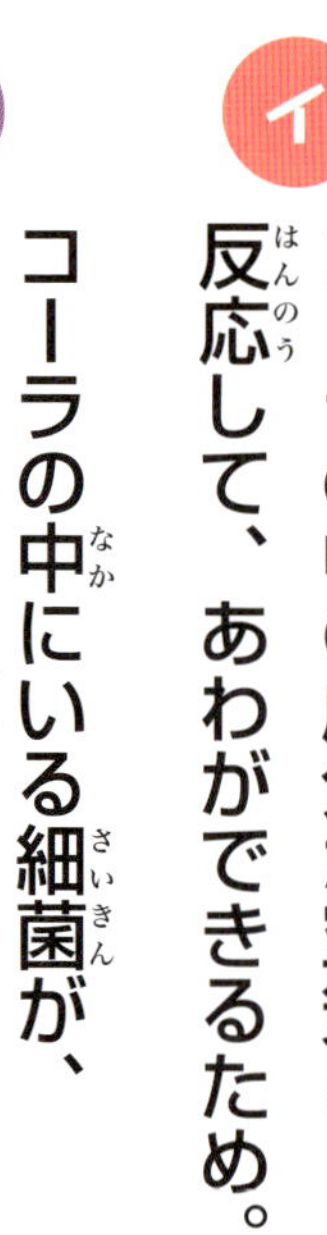

ウ　コーラの中にいる細菌が、空気に触れて元気になり、あわをつくりだすため。

あわの正体は二酸化炭素じゃよ。

プシュ

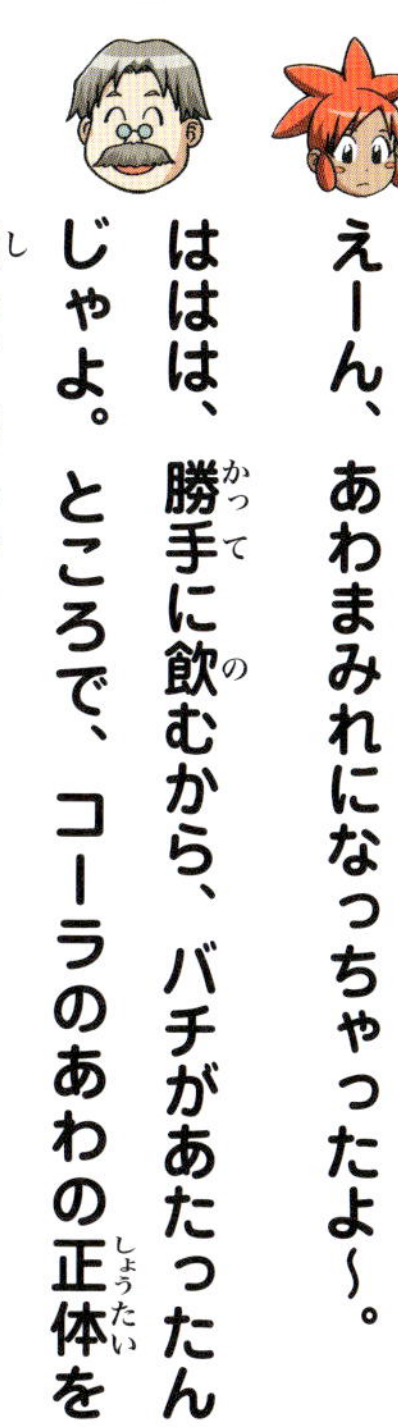

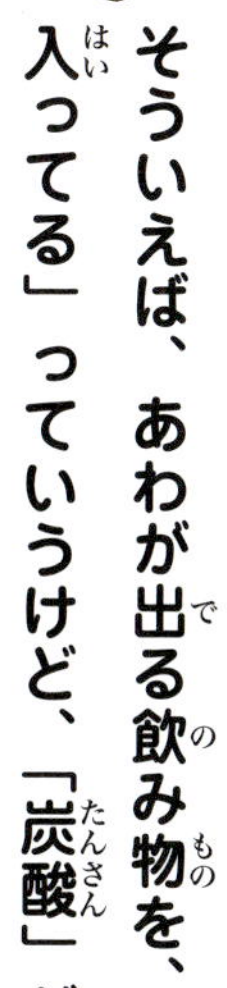
二酸化炭素は、はく息に多く含まれているんだったね。

えーん、あわまみれになっちゃったよ〜。

ははは、勝手に飲むから、バチがあたったんじゃよ。ところで、コーラのあわの正体を知っておるか？

えー、ただの空気じゃないの？

そういえば、あわが出る飲み物を、「炭酸が入ってる」っていうけど、「炭酸」があわのことなんじゃないの？

正解じゃ。あわの出る飲み物には、炭酸ガス、すなわち二酸化炭素が入っておるんじゃ。

コーラをしばらく置いておくと、あわが出なくなって、「気がぬけたコーラ」になるよね。

そう、その「気」が、二酸化炭素じゃ。

答えは次のページ！

答え

ア　コーラにとけていたガスが、あわになって出てくるため。

【解説】

強い圧力をかけると、ふつうよりずっと多くの二酸化炭素を液体にとかすことができます。コーラなどの炭酸飲料は、圧力をかけてたくさんの二酸化炭素をとかし、その圧力を保ったまま、びんやペットボトルの中に、閉じ込められています。びんやペットボトルのふたを開けると、一気に圧力が下がって、とけていた二酸化炭素があわになって出てくるのです。

圧力とはおす力のことじゃよ。
圧力
ぎゅ〜〜っ
圧力をかけて、二酸化炭素をむりやりコーラの液にとかしている。
ふたを開けると圧力が下がって、コーラの液にとけていた二酸化炭素が出てくる。

プシュッという音は、二酸化炭素が飛び出す音だったんだ。

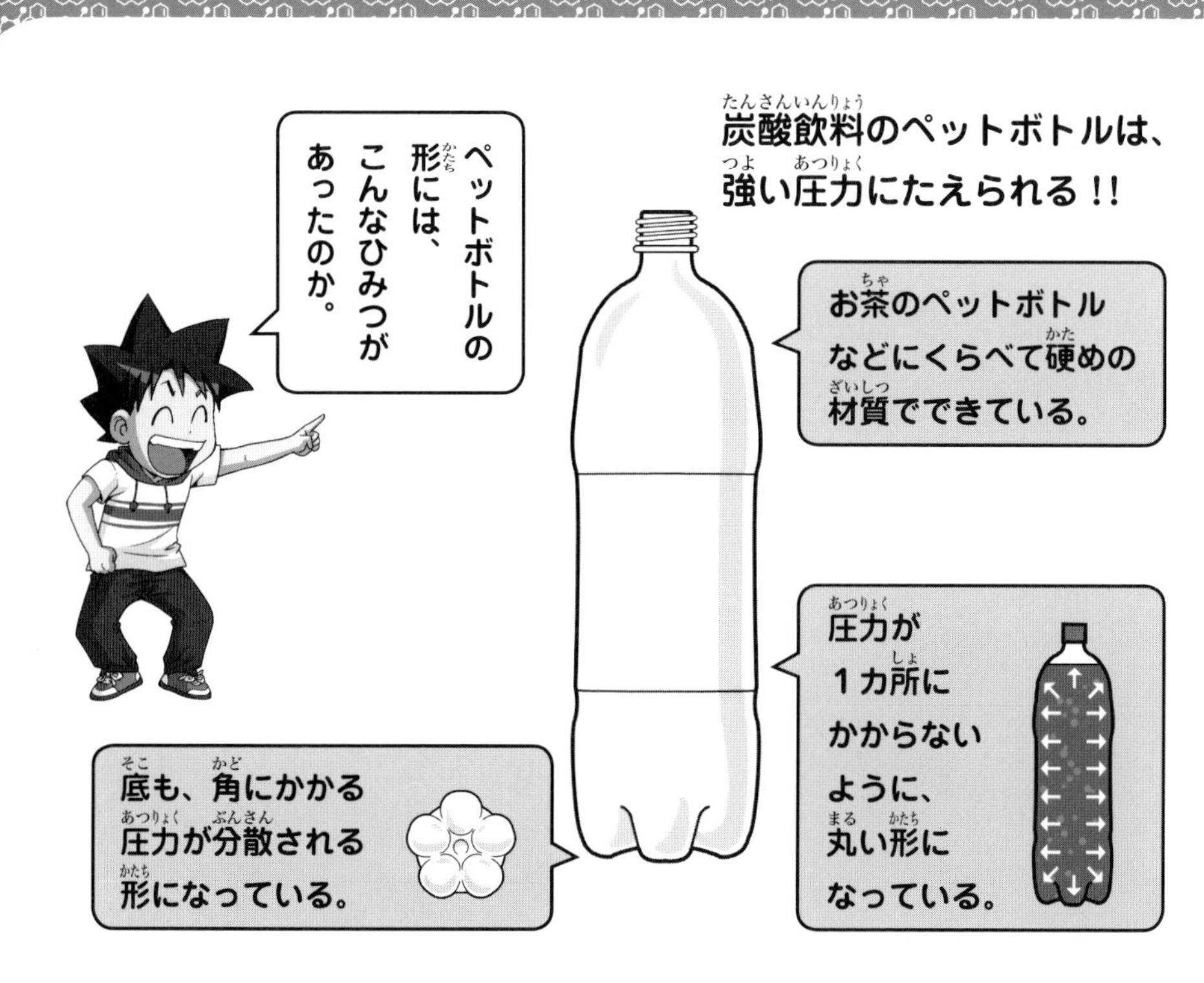
炭酸飲料のペットボトルは、
強い圧力にたえられる!!
ペットボトルの形には、こんなひみつがあったのか。
お茶のペットボトルなどにくらべて硬めの材質でできている。
圧力が1カ所にかからないように、丸い形になっている。
底も、角にかかる圧力が分散される形になっている。

液体にとける二酸化炭素の量は、圧力のほかに温度によっても変わってきます。二酸化炭素は、温度が低いほどとけやすく、高いほどとけにくくなります。ぬるいコーラは、冷たいコーラにくらべて二酸化炭素がとけにくいので、ふたを開けたときに、二酸化炭素が多く外に出ていってしまいます。そのため、あわが立ちやすくなります。

また、容器をふった後にすぐにふたを開けると、勢いよくあわがふき出すことがあります。これは、液体に衝撃が加わったことをきっかけに二酸化炭素がたくさん出てきて、ふたを開けた時に一気に飛び出すからです。

第7話

卵がいっぱいある！
まだ温かいぞ！

わーい。半熟卵だー。
だれかがさっきまで、ここにいたんだな。

クイズ

半熟卵をつくるにはどうすればいい？

ア　ふつうにゆで卵をつくってから冷蔵庫で冷やす。

イ　ふつうのゆで卵よりも、短い時間でゆでる。

ウ　生卵をお酢につけて、ひと晩おいておく。

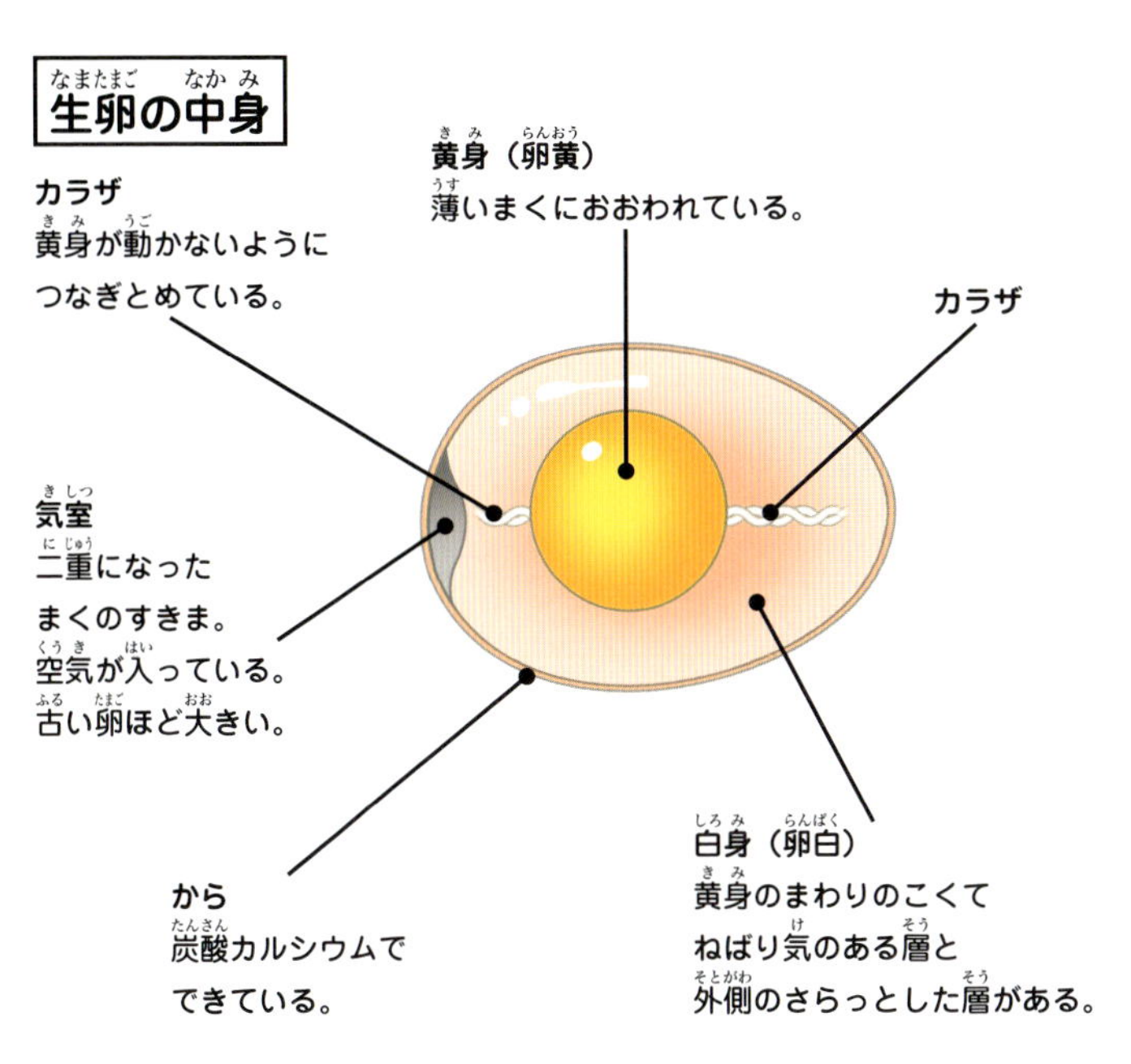
生卵の中身
黄身（卵黄）
薄いまくにおおわれている。
カラザ
黄身が動かないように
つなぎとめている。
カラザ
気室
二重になった
まくのすきま。
空気が入っている。
古い卵ほど大きい。
から
炭酸カルシウムで
できている。
白身（卵白）
黄身のまわりのこくて
ねばり気のある層と
外側のさらっとした層がある。

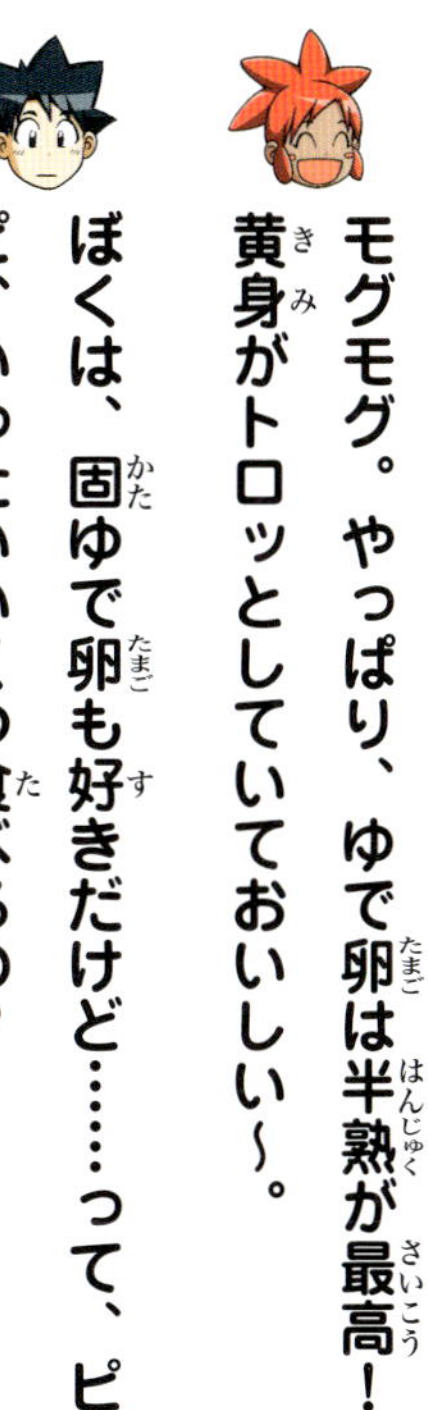
あの白いひもは
カラザって
いうのか。

モグモグ。やっぱり、ゆで卵は半熟が最高！ 黄身がトロッとしていておいしい〜。

ぼくは、固ゆで卵も好きだけど……って、ピピ、いったいいくつ食べるの？

卵は栄養たっぷりだから、食べると元気が出るんだよ〜、モグモグ。

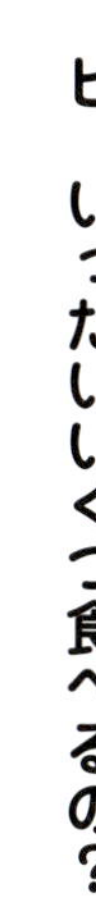
体をつくる「タンパク質」が豊富じゃからな。

半熟卵ってどうやってつくるのかな？

え〜っと、ふつうのゆで卵は、卵をお湯でゆでるんだよね。モグモグ。半熟卵は……どうするんだろう？ モグモグ。

コラッ、ピピ！ いつまで食べておるのじゃ！

答えは次のページ！

答え

イ　ふつうのゆで卵よりも、短い時間でゆでる。

【解説】

タンパク質は、熱が加わると固まる性質を持っています。卵をゆでると、卵に多く含まれるタンパク質が固まり、ゆで卵になります。

卵を水からゆで始めて、ふっとうしてから10分ほどゆでると、白身と黄身の両方が固まった固ゆで卵ができます。お湯がふっとうしてからのゆで時間を5分くらいにすると、黄身がトロッとした半熟卵になります。

お湯の熱が
卵の外側から
だんだん伝わるから
白身が先に
固まるんだね。

お湯がふっとうしてから…

約3分
黄身も白身も、
まだとろとろで
固まっていない。

約5分
黄身がトロッとした
半熟卵。

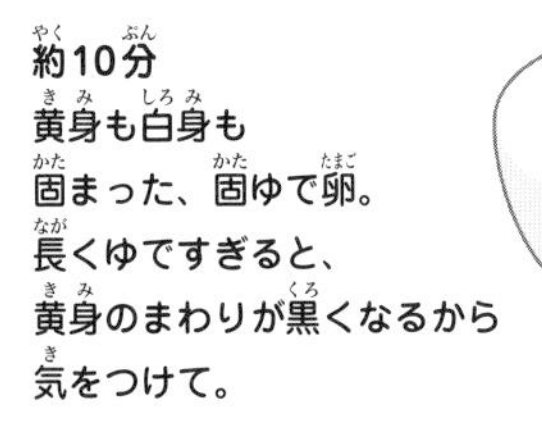

約10分
黄身も白身も
固まった、固ゆで卵。
長くゆですぎると、
黄身のまわりが黒くなるから
気をつけて。

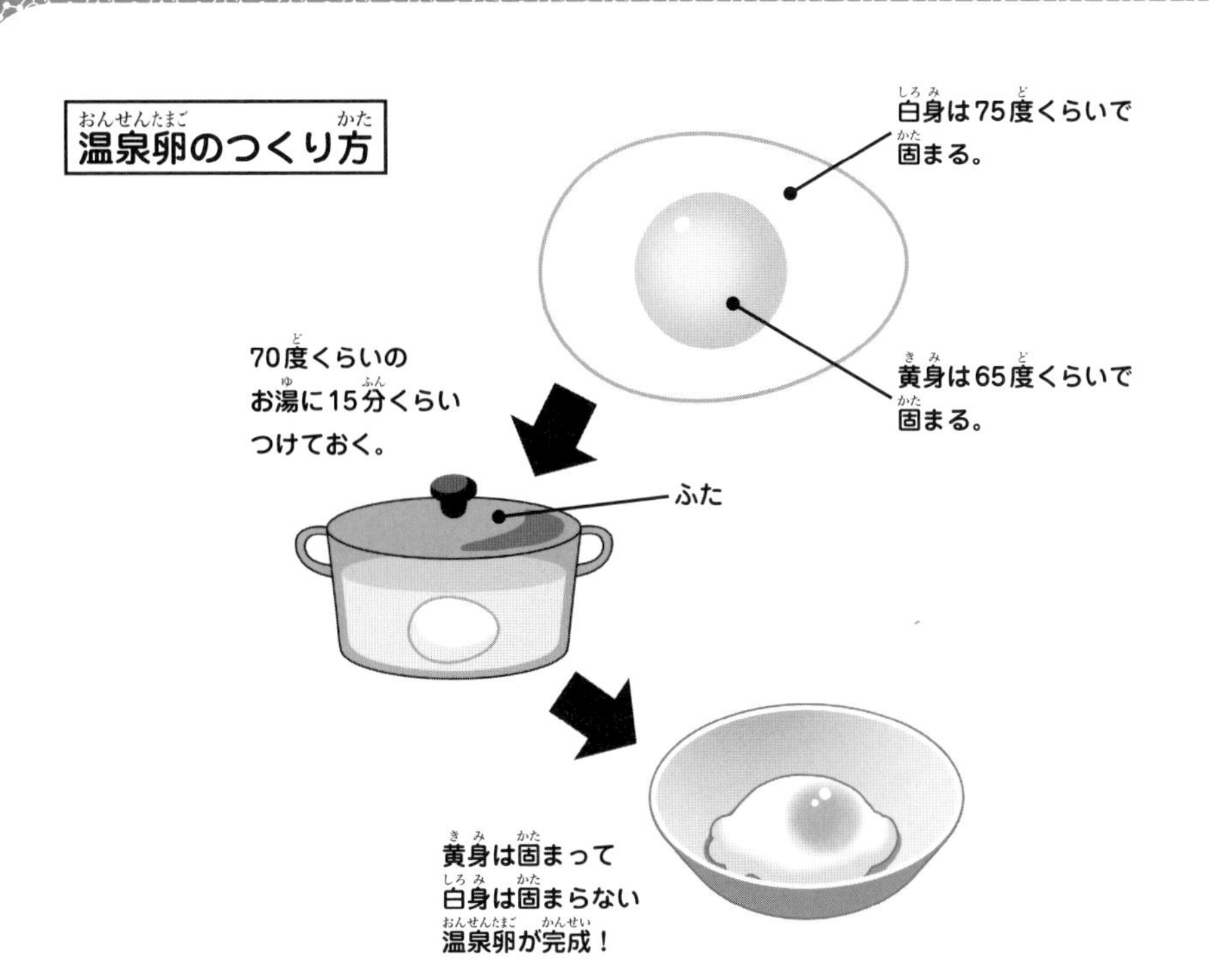
温泉卵のつくり方
白身は75度くらいで固まる。
黄身は65度くらいで固まる。
70度くらいのお湯に15分くらいつけておく。
ふた
黄身は固まって白身は固まらない温泉卵が完成！

温泉卵は、半熟卵とは逆に、白身は固まらずにドロッとしていて、黄身は固まっています。

このような温泉卵は、白身と黄身の固まる温度のちがいを利用してつくります。

じつは、白身は75度くらいで固まりますが、黄身はそれより低い65度くらいで固まります。そこで、お湯を70度くらいに保ち、時間をかけて加熱すると、黄身だけが固まっている温泉卵ができるのです。

高めの温泉のお湯につけておくとできるから、温泉卵って呼ばれるんだって。

第8話

むむっ、いやな予感……。
えっと。このリモコンだったたな。
あっ！ジオとピピ！
わしのゆで卵……。

クイズ

リモコンでどうして離れたテレビを操作できるの？

ア リモコンを押す時の気合が、テレビに伝わるから。

イ リモコンから風が出て、離れたテレビのボタンを押すから。

ウ 目に見えない光で、離れたテレビに信号を送っているから。

「リモコン」は、「リモート（離れて）・コントロール（操作する）」を短くした言葉じゃ。その名のとおり、離れたところから寝ころんだままテレビを操作できて便利じゃな。

博士は、意外とめんどくさがりなんだね。

（ギクッ）い、いやっ、便利なものを研究するのも、科学者のだいじな仕事じゃ。ところで、リモコンがテレビを動かすしくみを知っておるか？

ボタンを押すと、リモコンから何かが出るのかな？

う〜ん、何も出てるようには見えないよ。

リモコンから出ているものは、携帯電話のカメラなどを通せば見ることができるぞ。

あっ！何か光ってる！

ピカッ

※カメラやリモコンによっては、見えないこともあります。

答えは次のページ！

答え

ウ　目に見えない光で、離れたテレビに信号を送っているから。

【解説】

リモコンの頭の部分から出ているのは「赤外線」です。赤外線は、人間の目には見えませんが、前のページで紹介したように、携帯電話のカメラなどを通してなら見ることができます。

リモコンは、どのボタンが押されたのかを、赤外線の信号に変えて、テレビに伝えています。テレビの前に人が立つとリモコンがきかなくなるのは、リモコンから出た赤外線がさえぎられるからです。

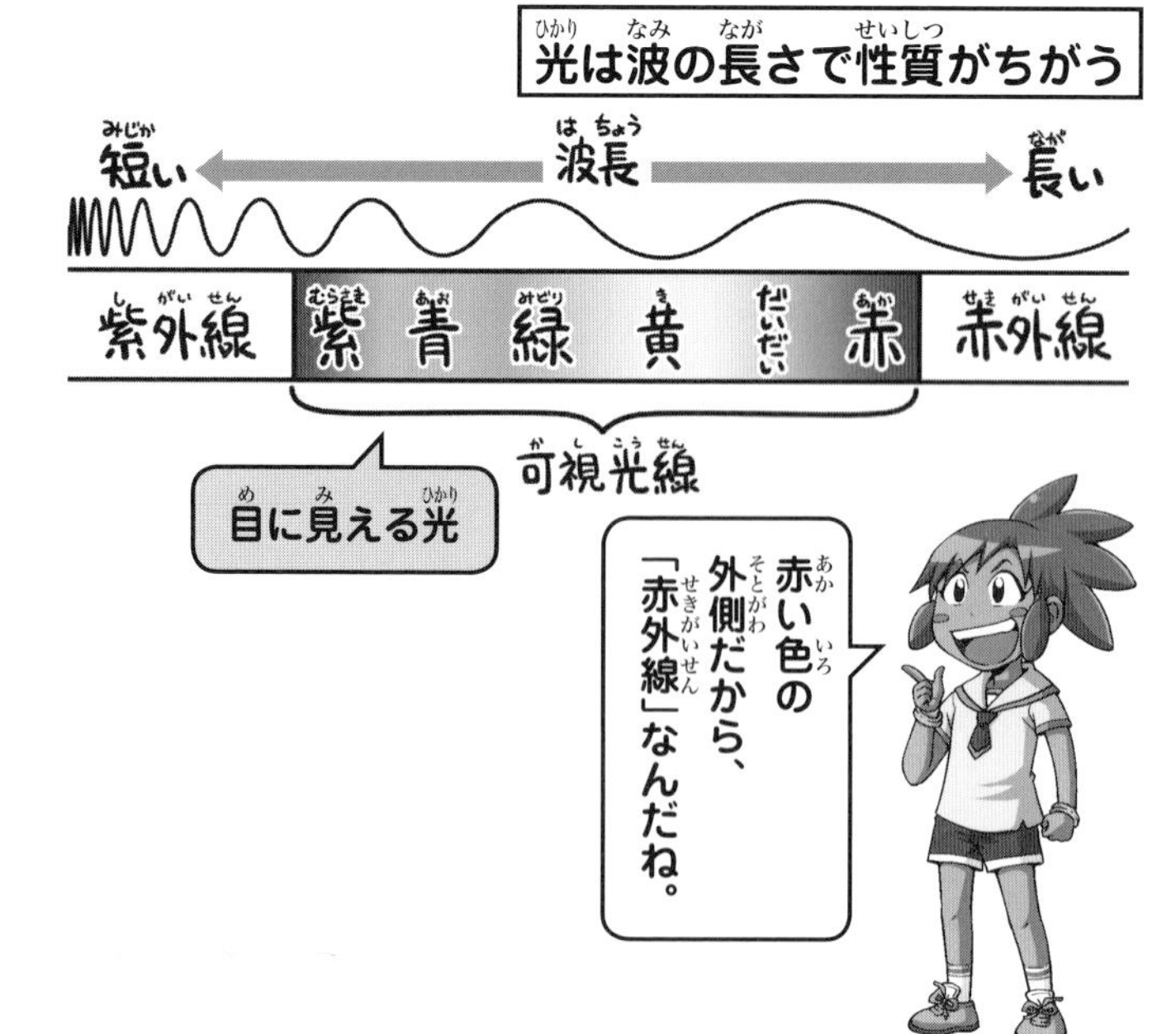

光は波の長さで性質がちがう
短い
波長
長い
紫外線
紫
青
緑
黄
だいだい
赤
赤外線
可視光線
目に見える光
赤い色の外側だから、「赤外線」なんだね。

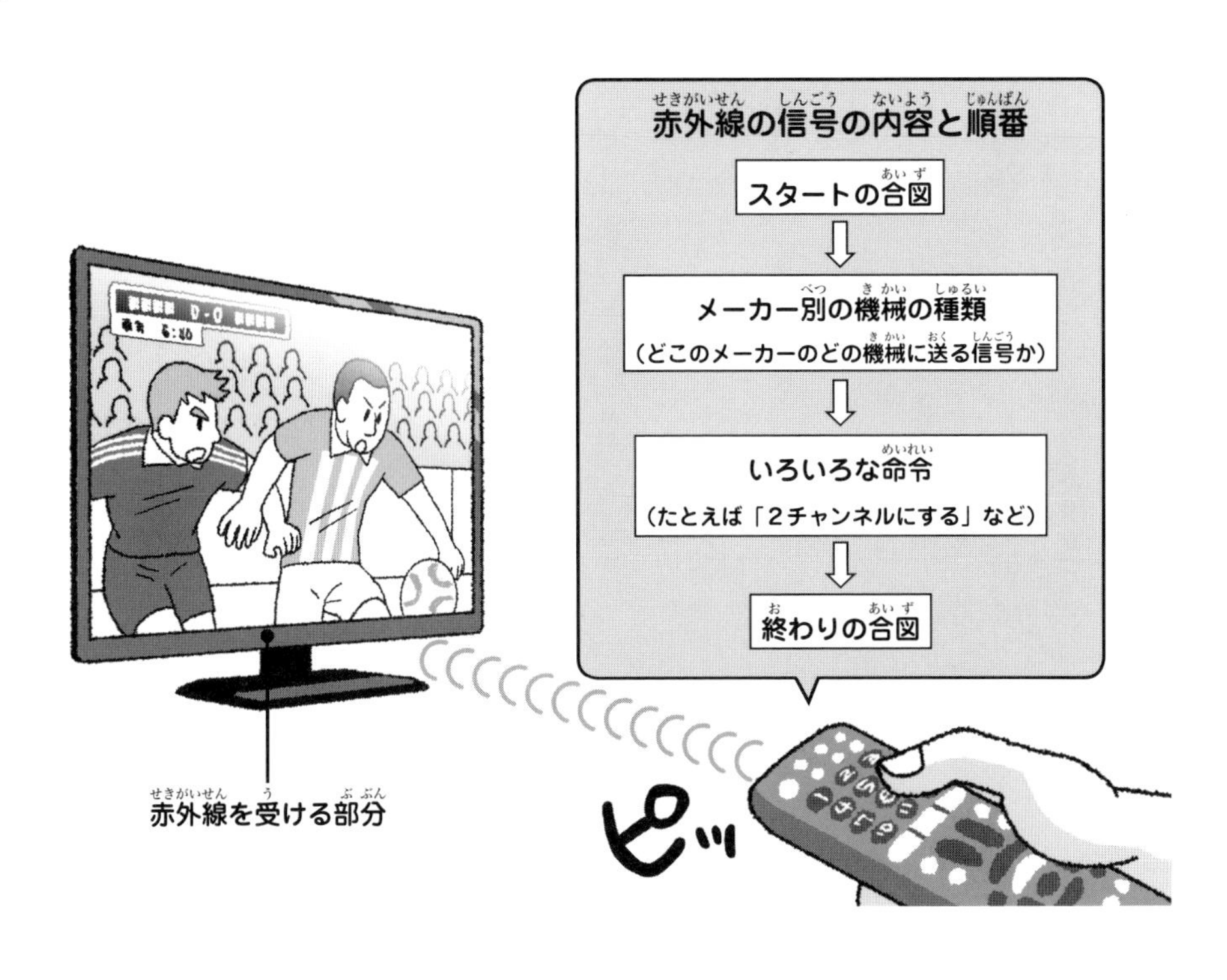
赤外線の信号の内容と順番
スタートの合図
メーカー別の機械の種類
（どこのメーカーのどの機械に送る信号か）
いろいろな命令
（たとえば「２チャンネルにする」など）
終わりの合図
赤外線を受ける部分
ピッ

リモコンが使っている信号は、１と０を組み合わせた数字の列でできています。たとえば、あるリモコンでは、赤外線をちょっと出して止めるのを「１」と決めています。そして、赤外線を出したり止めたりすることで、「１０００１０００」や、「１０１０１０１０」などの数字の列（実際はもっと長い）をテレビ側に送ります。テレビ側は、この１と０でできた数字の列の意味を解読し、リモコンの命令どおりに動いています。

リモコンの赤外線は、１秒間に約４万回の速さで点滅してるんだって。

第9話

これなんだろ?
鉛筆でぬりつぶされているね。

消しゴムで消してみよう。

鉛筆だけ消えたよ。
風船の絵?

クイズ

どうして消しゴムで鉛筆の字を消すことができるの?

ア 鉛筆の字を消しゴムの表面につけて、こすり取るから。

イ 消しゴムの白い成分が紙について、字をおおいかくすから。

ウ 鉛筆の字をとう明な字に変えて見えなくするから。

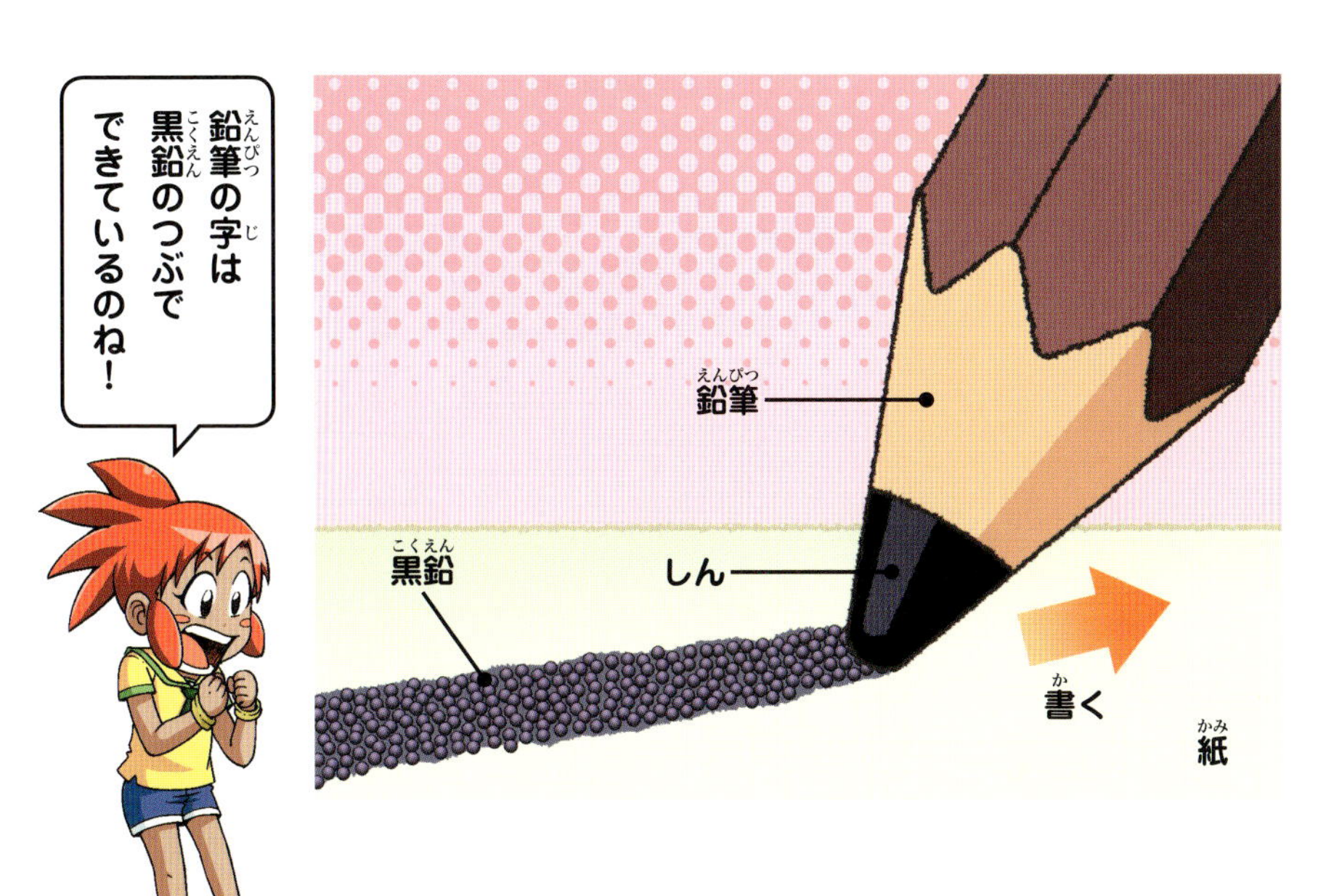
鉛筆の字は
黒鉛のつぶで
できているのね！
鉛筆
しん
黒鉛
書く
紙

そもそも鉛筆の字って、どうして書けるの？

鉛筆のしんは、黒鉛という炭のなかまの物質からできているんじゃ。黒鉛は小さなつぶが集まっていて、紙に押し付けてすべらせると、そのつぶが、紙にくっつくんじゃよ。

へえ、だから、とがらせたしんが、だんだん丸くなっていくんだ。

……ということは、紙についた黒鉛のつぶが取れれば、字が消えるんだな。

ちなみに、消しゴムがなかった時代は、鉛筆の字を消すのに、食パンを丸めたものを使っておったぞ。

答えは次のページ！

答え

ア 鉛筆の字を消しゴムの表面につけて、こすり取るから。

【解説】

プラスチック製の消しゴムは、油が含まれています。その油が、黒鉛のつぶをとてもよく吸います。消しゴムを紙にこすりつけることで、紙のせんいにからまった黒鉛のつぶも取ることができます。

また、消しゴムの黒鉛のつぶがついた部分を消しかすとして捨てることで、つぶのついていないきれいな部分が出て、また新たに吸い取ることができるようになるのです。

黒鉛のつぶを吸い取って、消しかすとして捨ててるんだな。
ゴシゴシ
黒鉛のつぶが消しゴムに吸いつく。
消しゴムのかす。黒鉛のつぶがからめとられている。

じゃあ、ボールペンの字が消しゴムで消えないのはなぜ？

ボールペンの字は、ふつうの消しゴムで消すことはできません。これは、ボールペンのインクはつぶではなく液体で、紙の中にしみ込んでしまうからです。

最近は、消せるボールペンとして売られているものもあります。このボールペンには、熱が加わると、無色とう明になるインクが使われています。

消せるボールペンが消えるしくみ

ゴシゴシ
まさつで熱が発生する。
消しかすは出ない。
温度が上がった部分のインクがとう明になる。

第10話

へいを越えたら外だ。
あの風船を使おう。

浮いた！
やった‼ 脱出だ！

なんか風船がしぼんでない？

クイズ

風船はどうして空に浮かぶの？

ア まわりの空気より軽いものが入っているから。

イ 風船から出る空気の力で、空に飛びあがっていくから。

ウ 風船のゴムに、空に浮く成分が含まれているから。

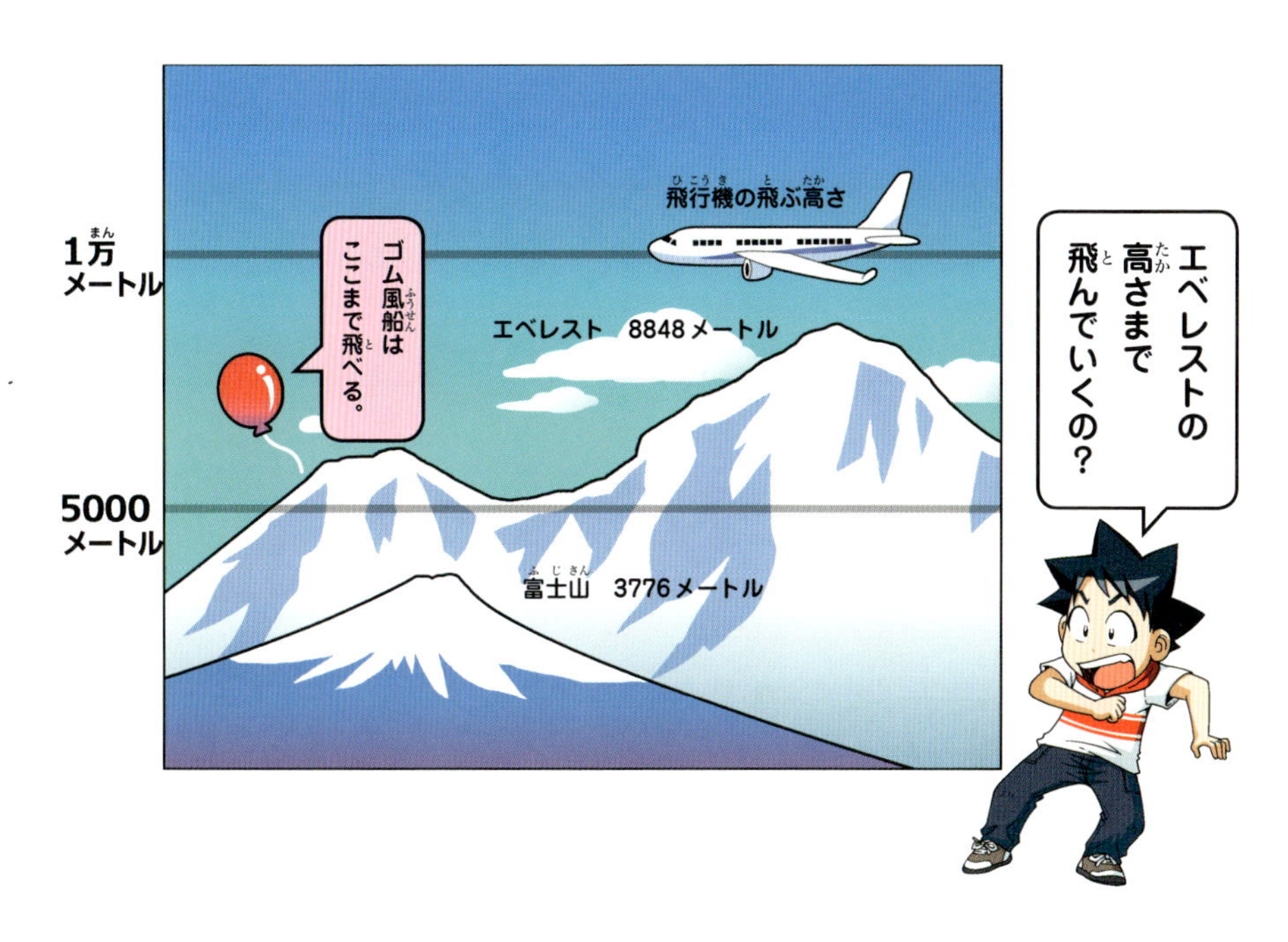
飛行機の飛ぶ高さ
1万メートル
ゴム風船はここまで飛べる。
エベレスト　8848メートル
5000メートル
富士山　3776メートル
エベレストの高さまで飛んでいくの？

小さい頃、風船のひもを離して、空に飛んでいっちゃったことがあるよ。悲しかったな。

どこまで飛んでいったのかな？

条件がよければ、8千メートルの高さまで、飛んでいくことができるといわれておるぞ。

すごい！　ぼくの風船も、そこまで飛んでいったのかな。

ははは、そうかもしれんな。

そういえば、お店でもらった風船は浮くのに、息でふくらませた風船は浮かないのはなぜ？

ほんとだね。お店でもらった風船には、息とはちがうものが入っているのかな？

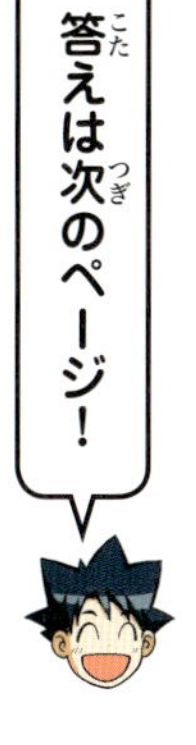
答えは次のページ！

ア まわりの空気より軽いものが入っているから。

【解説】

お店で売っている浮かぶ風船には、「ヘリウム」という気体が入っています。ヘリウムは、空気より軽い気体なので、空気の中で浮かびます。

いっぽう、自分のはく息でふくらませた風船は浮かびません。これは、はく息のほうが、空気より、ほんの少し重いためです。

空を飛ぶ
飛行船にも、
ヘリウムが
使われているよ。
空気より軽い
空気
ヘリウム
ヘリウムの風船
空気より重い
空気
はく息
息でふくらませた風船

浮かんでいた風船も、時間がたつと、だんだんしぼんでやがて浮かなくなります。

これは、風船の中のヘリウムが、結び目や風船の表面の目に見えない小さなすきまから、少しずつ抜けていってしまうからです。ヘリウムが減って、風船のゴムの重さをささえきれなくなると、風船は浮かなくなり、地面に落ちてしまいます。

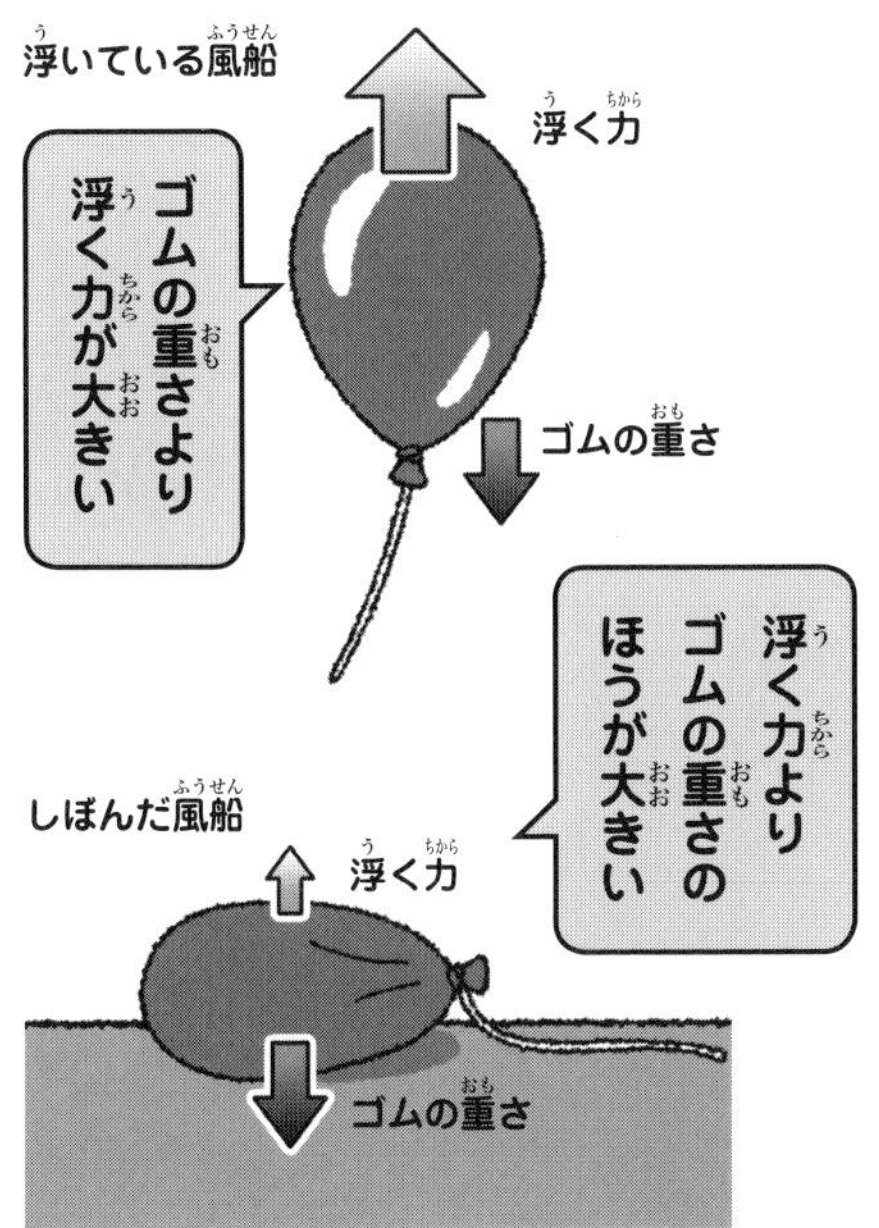
浮いている風船
浮く力
ゴムの重さより浮く力が大きい
ゴムの重さ
しぼんだ風船
浮く力
浮く力よりゴムの重さのほうが大きい
ゴムの重さ

幽霊屋敷は、博士の実験室だったのか…。
風船で空を飛ぶ方法は、まだ研究中じゃったのに。

身近な科学のサバイバル

1

磁石が時計をくるわせる！

磁石の磁力は、時計をくるわせることがあるよ。時計の針を動かす部分が、磁力のえいきょうを受けるためなんだ。時計の側には、磁石を置かないようにしよう。

2

チョコレートの原料カカオ豆はあまくない！

あまいチョコレートの原料のカカオ豆はアフリカなどの暑い地域でさいばいされている。カカオ豆そのものの味は苦くて、砂糖やミルクを入れて食べやすくしているんだ。

3

コーラに塩を入れるとあわ立つ！

コーラなどの炭酸飲料に塩を入れるとシュワシュワとあわ立つよ。これは、炭酸飲料にとけていた炭酸ガス（二酸化炭素）が、塩によって外に出るからなんだ。

身近な科学に関するビックリする豆ちしきを集めたよ！

ビックリ豆ちしき！

4 たまごをお酢の中に入れるとからだけがとける！

お酢の中にふくまれている成分は、たまごのからをとかす力を持っているよ。お酢の中にたまごを入れて2日ほど置いておくと、からがとけて、すけたたまごになるんだ。

5 消しゴムの材料はゴムじゃない!?

お店で売っている消しゴムの多くが「プラスティック消しゴム」です。材料は天然ゴムではなく、ポリ塩化ビニルなどのプラスティックの一種が使われています。

6 ヘリウムガスを吸うのはキケン？

風船に入っているヘリウムガス。人が吸うとへんな声になるということで、パーティーグッズとして売っている店もあるよ。でも、吸いすぎたりすると命にかかわる危険があるから要注意だ。

③④を確かめようと思ったら、必ずおうちの人といっしょにやってね！

監修	金子丈夫
編集デスク	大宮耕一、橋田真琴
原稿執筆	チーム・ガリレオ（大宮耕一、河西久実、庄野勢津子、中原崇）
マンガ協力	Moon Young、Lee Jong-Mi、Han Jung-Ah、池田聡史
イラスト	楠美マユラ、豆久男
カバーデザイン	リーブルテック AD課（石井まり子）
本文デザイン	リーブルテック 組版課（佐藤良衣）
参考文献	「週刊かがくる 改訂版」1 ～ 50 号 朝日新聞出版／「週刊かがくるプラス 改訂版」1 ～ 50 号 朝日新聞出版／「週刊なぞとき」1 ～ 50 号 朝日新聞出版／『朝日ジュニア学習年鑑 2016』朝日新聞出版／『理科年鑑』国立天文台編 丸善出版／『ニューワイド学研の図鑑』学研マーケティング／『講談社の動く図鑑 MOVE』講談社／『小学館の図鑑 NEO』小学館／『キッズペディア 科学館』小学館／『こども生物図鑑』スミソニアン協会監修 デイヴィット・バーニー著 大川紀男訳 河出書房新社 「ののちゃんの DO 科学」朝日新聞社（http//:www.asahi.com/Shimbun/nie/tamate/） ほか

科学クイズにちょうせん！

5分間のサバイバル　3年生

2017年5月30日　第1刷発行

著　者　マンガ：韓賢東／文：チーム・ガリレオ
発行者　須田剛
発行所　朝日新聞出版
〒104-8011
東京都中央区築地5-3-2
編集　生活・文化編集部
電話　03-5540-7015（編集）
03-5540-7793（販売）

印刷所　株式会社リーブルテック
ISBN978-4-02-331596-9
定価はカバーに表示してあります

落丁・乱丁の場合は弊社業務部（03-5540-7800）へ
ご連絡ください。送料弊社負担にてお取り替えいたします。

本の感想やサバイバルの知識を書いておこう。

科学も！
歴史も！
サバイバルシリーズ
ファンクラブ通信
創刊！
おたより大募集
ゆうびんもメールもドシドシ！
ファンクラブ通信は、サバイバルの公式サイトでも読めるよ！
みんなからのお手紙、楽しみにしてるよ〜♪

読者のみんなとの交流の場、「ファンクラブ通信」が誕生したよ！ クイズに答えたり、似顔絵などの投稿コーナーに応募したりして、楽しんでね。「ファンクラブ通信」は、サバイバルシリーズ、対決シリーズの新刊に、はさんであるよ。書店で本を買ったときに、探してみてね！

おたよりコーナー 1

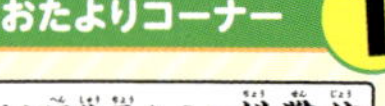

ジオ編集長からの挑戦状

『◯◯のサバイバル』を

作ろう！

みんなが読んでみたい、サバイバルのテーマとその内容を教えてね。もしかしたら、次回作に採用されるかも!?

例 **冷蔵庫のサバイバル** 何かが原因で、ジオたちが小さくなってしまい、知らぬ間に冷蔵庫の中に入れられてしまう。無事に出られるのか!?（9歳・女子）

おたよりコーナー 2

キミのイチオシは、どの本!?

サバイバル、応援メッセージ

キミが好きなサバイバル1冊と、その理由を教えてね。みんなからのアツ〜い応援メッセージ、待ってるよ〜！

例 **戦国時代のサバイバル** 忍者や武将のことがよくわかった。リュウたちがやっているテレビゲームに出てくる、徳川家康の必殺技が面白かったです。（8歳・男子）

おたよりコーナー 3

ピピが審査員長！

2コマであそぼ

お題となるマンガの1コマ目を見て、2コマ目を考えてみてね。みんなのギャグセンスが試されるゾ！

例 **お題** 井戸に落ちたジオ。なんとかはい出た先は!?

がびーん

地下だったはずが、なぜか空の上!?

おたよりコーナー 4

ケイ館長のサバイバル美術館

みんなが描いた似顔絵を、ケイが選んで美術館で紹介するよ。

例

上手い！

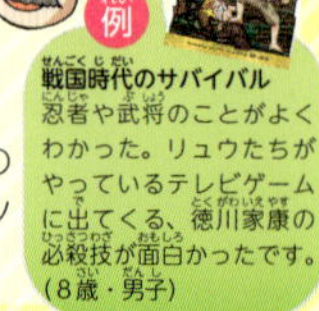

みんなからのおたより、大募集！

❶コーナー名とその内容
❷郵便番号
❸住所
❹名前
❺学年と年齢
❻電話番号
❼掲載時のペンネーム（本名でも可）

を書いて、右記の宛て先に送ってね。掲載された人には、サバイバル特製グッズをプレゼント！

●郵送の場合
〒104-8011　朝日新聞出版　生活・文化編集部
サバイバルシリーズ　ファンクラブ通信係

●メールの場合
junior @ asahi.com
件名に「サバイバルシリーズ　ファンクラブ通信」と書いてね。

※ 応募作品はお返ししません。※お便りの内容は一部、編集部で改稿している場合がございます。

ファンクラブ通信は、サバイバルの公式サイトでも見ることができるよ。

サバイバルシリーズ　検索